# Differentialmethode zur Messung kleiner Verluste in Hochfrequenzsystemen

## Dissertation

zur Erlangung der Würde eines Doktor-Ingenieurs

vorgelegt von

### Dipl.-Ing. August Hund

aus Offenburg, Baden

Genehmigt
von der Großherzoglich Technischen Hochschule
Fridericiana zu Karlsruhe
März 1913

Referent: Geh. Hofrat Professor Dr. A. Schleiermacher
Korreferent: Prof. Dr. H. Hausrath

Springer-Verlag Berlin Heidelberg GmbH
1913

ISBN 978-3-662-23890-5　　ISBN 978-3-662-26002-9 (eBook)
DOI 10.1007/978-3-662-26002-9

# Inhaltsverzeichnis.

## Theoretischer Teil.
### Beschreibung der Differentialmethode.

| | Seite |
|---|---|
| Einleitung | 1 |
| 1. Die Differentialmethode | 2 |
| 2. Kapazitäts- und dielektrische Verlustmessung | 9 |
|    a) Allgemeine Betrachtungen | 9 |
|    b) Verlustwinkel von Kondensatoren | 10 |
|    c) Analytische Definition der dielektrischen Verlustgröße | 12 |
|    d) Formeln für die Messung des Verlustwinkels von Kondensatoren | 14 |
| 3. Messung der wirksamen Selbstinduktion und der Widerstandserhöhung durch Skineffekt | 19 |
|    a) Ziel der Untersuchung | 19 |
|    b) Graphische Darstellung, Strom- und Widerstandsdreieck | 19 |
|    c) Relative Methode zum Vergleich der Differenz der Widerstandszunahme zweier Selbstinduktionen | 20 |
|    d) Absolute Messmethode | 21 |
| 4. Messung kleiner Eisenverluste | 22 |
| 5. Methode zur Bestätigung der Bedingung $R_2 + r_2 = \omega L_2$ für maximale Leitung des Differentialtransformators | 23 |
| 6. Beseitigung der kapazitiven und induktiven Störungen in der Anordnung | 24 |
| 7. Die Nullstromschaltungen | 28 |
|    a) Die Thermokreuzbrücke | 29 |
|    b) Die aperiodische Detektoranordnung | 33 |
|    c) Die Baretteranordnung | 35 |

## Praktischer Teil.
### Anwendung der Differentialmethode.

| | |
|---|---|
| 8. Die Versuchsanordnung | 37 |
| 9. Messungen | 38 |

Theoretischer Teil.
# Beschreibung der Differentialmethode.
## Einleitung.

Mit der fortschreitenden Entwicklung der Hochfrequenztechnik wurde es ein Bedürfnis, den Dämpfungsbeitrag der einzelnen Apparate einwandfrei bestimmen zu können. Den Energieverlusten in Leitern, Spulen und Kondensatoren entspricht eine Leistungskomponente, was gleichbedeutend ist mit einer Verringerung der nutzbar ausgestrahlten Energie in hochfrequenten Systemen. Es sind deshalb in den letzten zehn Jahren viele Methoden ausgearbeitet worden, die eine Verlustbestimmung ermöglichen.

Dem Prinzip nach kommen hauptsächlich die folgenden in Frage:
1. Die Resonanzmethode;
2. Die Nullmethode (Vergleichsmethode).

Die erste Methode beruht auf den Bjerknesschen Gleichungen und ist geeignet zur Messung des logarithmischen Dekrements von ganzen Kreisen, vielfach auch von Einzelteilen, wie Spulen und Kondensatoren. Sie findet hauptsächlich in der Hochfrequenzmeßtechnik Verwendung. Dabei können gedämpfte und ungedämpfte Schwingungen verwendet werden.

Im ersteren Falle erhält man aus der Resonanzkurve zunächst die Summe der Dekremente beider Kreise. Ist also ein Dekrement von der Größenordnung des Dekrements des Wellenmessers zu messen, so ergibt sich das Resultat als Differenz zweier wenig verschiedener Größen. Die Messung wird in diesem Falle schwierig und ungenau, auch wenn es möglich ist, die Oszillatorschwingung durch Stoßerregung zu erzeugen.

Die Messung mit ungedämpften Schwingungen ist unter 500 m Wellenlänge überhaupt nicht, und darüber auch nur bei relativ kleiner Schwingungsenergie ausführbar. Sie versagt deshalb gerade in einem der wichtigsten Fälle, bei Messung dielektrischer Verluste bei verschiedener spezifischer Belastung.

Die aus der Niederfrequenzmeßtechnik her bekannten Nullmethoden wurden für schnelle Schwingungen wegen der störenden Einflüsse, die durch Induktion und Influenz auftreten, bisher anscheinend kaum verwendet. Wagner[1]) hat gezeigt, daß für die Wechselströme der Fernsprechtechnik in der Brückenmethode sich diese Fehlerquellen beseitigen lassen. Von diesen Frequenzen bis zu denjenigen der drahtlosen Telegraphie ist ein weiter Schritt. Da aber die Nullmethoden prinzipiell große Vorteile bieten, so erschien es lohnend, eine solche für die Periodenzahlen der schnellen Schwingungen auszuarbeiten und an Hand einiger besonders schwierig zu messender Objekte deren Brauchbarkeit zu bestätigen. In vorliegender Arbeit wurde an Stelle der sonst üblichen Brückenanordnung die von Herrn Prof. Dr. H. Hausrath vorgeschlagene Differentialmethode verwendet. Der Umstand, daß bei der Differentialmethode nur zwei, bei der Brückenmethode dagegen vier Zweige abgeglichen werden müssen, gibt der ersteren unter den schwierigen Verhältnissen der Hochfrequenzschwingungen einen erheblichen Vorzug. Ein wesentlicher Vorteil der Methode, der auch auf die Brückenschaltung anwendbar ist, besteht in der Verwendung einer Thermoelementenbrücke als Indikatoranordnung. Durch diese wird ein dem Nullstrom proportionaler Ausschlag erzielt, wodurch der gleiche Vorteil für Hochfrequenz erzielt wird wie durch Verwendung des Telephons als Nullinstrument für hörbare Frequenzen. Durch bestimmte Phaseneinstellung eines vom Hauptkreis gelieferten Hilfsstroms ist es schließlich möglich, das Indikatorinstrument z. B. nur auf die Widerstandsabgleichung aber nicht auf die Kapazitäten oder Induktivitäten der zu vergleichenden Widerstände reagieren zu lassen. Dieser letztere Kunstgriff konnte allerdings in der vorliegenden Arbeit nicht angewendet werden, weil seine Durchführung nur bei ungedämpften Schwingungen möglich ist und ein Generator für solche von genügender Leistung nicht zur Verfügung stand.

## 1. Die Differentialmethode.

Das Prinzip des Differentialtransformators besteht darin, daß über einer Sekundärspule zwei einander gleiche, aber vom Strom in entgegengesetztem Sinn durchflossene Primärspulen angeordnet

---

[1]) K. W. Wagner, ETZ, Heft 40, 1911.

sind. Die beiden Wicklungen müssen immer denselben effektiven Widerstand, dieselbe wirksame Selbstinduktion, sowie gleichgroße gegenseitige Induktion in bezug auf die Sekundärwindungen haben. Dies wird am bequemsten durch bililare Führung der beiden Primärwicklungen erreicht. Schaltet man einen Wechselstrom auf zwei parallele Zweige, von denen jeder eine der beiden Primärwicklungen des Differentialtransformators enthält, so wird in der Sekundärspule, an der bei Hochfrequenz ein Detektorkreis, Bolometeranordnung oder Thermobrücke angelegt wird, nur dann kein Strom fließen, wenn die Ströme in den beiden Verzweigungen in jedem Moment gleich stark sind und gleiche Phase haben. Durch Anwendung eines Transformators mit von 1 verschiedenem Übersetzungsverhältnis gewinnt man den großen Vorteil, daß man das Versuchsobjekt mit einem Vielfachen desselben vergleichen kann. Dies ist ein nicht zu unterschätzender Vorzug, besonders bei Kapazitäts- und dielektrischen Verlustmessungen, wo man vielfach bei einem Kondensator mit festem Dielektrikum, die Kapazität und den Leistungsfaktor aus praktischen Gründen nur mit einem bedeutend kleineren Luftkondensator bestimmen kann. Solche verlustlose Kondensatoren sind bekanntlich schon bei 0,03 M. F. sehr reichlich zu bemessen und werden für Laboratoriumszwecke unförmig groß, erschweren somit einen symmetrischen Aufbau einer Differantialanordnung.

Für einwandfreie Messungen insbesondere bei hoher Frequenz ist ein symmetrischer Aufbau der Versuchsanordnung unbedingt erforderlich. Z. B. wird bei 1000 Perioden durch einen Widerstand von nur 0,01 Ohm in der einen Zuleitung bei einem 0,1 M. F.-Kondensator eine Phasenverschiebung von rund $1''$ erzeugt. Hauptsächlich aber wirken Zuleitungen durch ihre Selbstinduktionen und die kapazitiven Strömungen gegen andere Leiterteile im Bereich der schnellen Schwingungen recht störend.

Die Wirkungsweise des Differentialtransformators läßt sich in folgender Weise darstellen.

Die magnetische Feldenergie $W_m$, die durch das Stromsystem der beiden Differentialwicklungen hervorgerufen wird, ist nach Maxwell:

$$W_m = \frac{1}{8\pi} \int \mu \cdot \mathfrak{H}^2 d\tau \quad \ldots \ldots \quad (1)$$

Dieses Integral ist über den unendlichen Raum zu erstrecken, $\mathfrak{H}$ bedeutet die magnetische Feldstärke, $\mu$ die Permeabilität und $d\tau$ das Raumelement im magnetischen Felde. In einem beliebigen Augenblick fließen in der ersten Primärspule der Strom $i_1$, in der zweiten $i_2$. Diesen Strömen sollen, wenn jeder allein vorhanden ist, die magnetischen Feldstärken $\mathfrak{H}_1$ bzw. $\mathfrak{H}_2$ zugehören. Denkt man

1*

sich diese Komponenten $\mathfrak{H}_1$ und $\mathfrak{H}_2$ vektoriell aufgetragen und fließen die beiden Ströme gleichzeitig, so wird die resultierende Feldstärke

$$\mathfrak{H} = \mathfrak{H}_1 + \mathfrak{H}_2 \quad \ldots \ldots \ldots \ldots \quad (2)$$

oder

$$H^2 = H_1^2 + H_2^2 + 2 \cdot H_1 \cdot H_2 \cos \alpha \quad \ldots \ldots \quad (3)$$

wenn an Stelle der Vektoren $\mathfrak{H}$, $\mathfrak{H}_1$ und $\mathfrak{H}_2$ die entsprechenden Effektivwerte $H$, $H_1$ und $H_2$ eingeführt werden. Die gesamte magnetische Feldenergie wird somit

$$W_m = \frac{1}{8\pi} \left\{ \int \mu \cdot H_1^2 \, d\tau + \int \mu \cdot H_2^2 \, d\tau + 2 \int \mu \cdot H_1 \cdot H_2 \cdot \cos \alpha \, d\tau \right\} \quad \ldots \quad (4)$$

Die erzeugte magnetische Feldenergie des Differentialtransformators setzt sich also aus drei Teilen zusammen. Das erste Integral wird durch $i_1$ hervorgerufen, das zweite durch $i_2$ und das letzte stellt die wechselseitige Energie beider Ströme $i_1$ und $i_2$ dar. Der ganze Raum sei in Induktionsröhren zerlegt gedacht, der Querschnitt sei $q$, das Linienelement der Achsen $dl$. Es wird somit

$$d\tau = q \cdot dl$$

und die Gl. 1 und 2 gehen über in

$$W_m = \frac{1}{8\pi} \iint \mu \mathfrak{H} q \mathfrak{H} \, dl \quad \ldots \ldots \ldots \quad (5)$$

$$dW_m = \frac{1}{2} \cdot i \cdot dz$$

$$W_m = \frac{1}{2} \Sigma i \cdot z \quad \ldots \ldots \ldots \ldots \quad (6)$$

$z$ ist der Kraftfluß, der vom Strom $i$ herrührt, und $dW_m$ bedeutet den Beitrag, den der Fluß einer Kraftröhre zur gesamten Energie des Feldes beisteuert.

Es seien:

$z_{11}$ die Kraftlinien von $i_1$ erzeugt und mit der Strombahn $i_1$ verkettet,
$z_{22}$       „       „       „   $i_2$      „      „   „   „     „   $i_2$     „
$z_{12}$       „       „       „   $i_1$      „      „   „   „     „   $i_2$     „
$z_{21}$       „       „       „   $i_2$      „      „   „   „     „   $i_1$     „

Nach Gl. 6 wird

$$W_m = \frac{1}{2} \Sigma i \cdot z = \frac{1}{2}(i_1 \cdot z_{11} + i_2 \cdot z_{22} + i_1 z_{21} + i_2 z_{12}) \quad . \quad (7)$$

$L_1$ und $L_2$ seien die Koeffizienten der Selbstinduktion der beiden Primärkreise, $L_{12}$ der gegenseitige Induktionskoeffizient der beiden

Strombahnen, der den Fluß $z_{12}$ hervorruft, $L_{21}$ derjenige, der $z_{21}$ erzeugt. $L_{21}$ ist unter quasistationären Verhältnissen, die wir hier voraussetzen, $= L_{12}$ zu setzen. Die gesamte magnetische Feldenergie des Differentialsystems wird somit:

$$W_m = (L_1 i_1^2 + L_2 i_2^2 + 2 L_{12} \cdot i_1 \cdot i_2) \quad \ldots \quad (8)$$

da $\quad z_{11} = L_1 \cdot i_1; \quad z_{22} = L_2 \cdot i_2; \quad z_{12} = L_{12} \cdot i_1; \quad z_{21} = L_{12} \cdot i_2$.

Wenn der Kopplungskoeffizient gleich der Einheit, also

$$\sqrt{\frac{L_{12}^2}{L_1 \cdot L_2}} = 1$$

und

$$L_1 = L_2 = L_{12} = L,$$

so wird bei abgeglichener Differentialanordnung

$$W_m = 0,$$

da in diesem Fall $i_1 = -i_2$.

Zur weiteren analytischen Betrachtung legen wir für die Primärseite des Transformators eine Ersatzschaltung zugrunde, die aber keineswegs die wirklich bei der Messung zutreffenden Verhältnisse ändert. Angenommen, es fließe in einem beliebigen Momente der Strom $i_1$ in der einen Primärspule und im andern Zweig bei unabgeglichener Anordnung der Strom $i_2$. Dadurch entsteht ein Differentialfeld, das durch die Konstanten des Transformators und den Stromunterschied der beiden Zweige bestimmt ist. Diese magnetische Feldenergie denke man sich in der Ersatzschaltung durch eine einzige Primärspule hervorgerufen, deren Selbstinduktion $L_1$ und momentane Stromstärke $i_1$ sei. $L_{12}$ stelle jetzt den Koeffizienten der gegenseitigen Induktion der gedachten Primärspule und der Sekundärwindungen dar. Entsprechend sei $L_2$ der Selbstinduktionskoeffizient der Sekundärspule, $r_2$ deren wirksamer Ohmscher Widerstand und $i_2$ der induzierte Strom in dem betreffenden Zeitmoment. Der Energieverbrauch des sekundären Systems sei durch den Widerstand $R_2$ eingeführt. Es war nun von Interesse, den Fall zu studieren, für welchen die sekundäre Energie einem Maximum zustrebt.

Die aufgedrückte Spannung sei rein sinusförmig, es gilt somit für das Primärsystem:

$$\mathfrak{V}_1 = V_1 \cdot \sin \omega t \quad \ldots \ldots \quad (9)$$

Die Bezeichnung ist analog der symbolischen Darstellung periodischer Vorgänge durch komplexe Größen bei Orlich[1]) gewählt. (Vektoren große deutsche Buchstaben, die zugehörigen Effektivwerte

---

[1]) Orlich, Induktivität und Kapazität, S. 98.

durch große lateinische, während die Augenblickswerte durch kleine lateinische Buchstaben ausgedrückt sind.)

Die primär aufgedrückte Spannung ist:

$$r_1 \cdot i_1 + L_1 \cdot \frac{di_1}{dt} + L_{12} \cdot \frac{di_2}{dt} = V_1 \cdot \sin \omega t \quad \ldots \quad (10)$$

und für den Sekundärkreis gilt:

$$(R_2 + r_2) i_2 + L_2 \cdot \frac{di_2}{dt} + L_{12} \cdot \frac{di_1}{dt} = 0 \quad \ldots \quad (11)$$

In der symbolischen Darstellungsweise erhalten wir:

$$r_1 \cdot \mathfrak{J}_1 + j \cdot \omega \cdot L_1 \mathfrak{J}_1 + j \cdot \omega L_{12} \cdot \mathfrak{J}_2 = \mathfrak{V}_1 \quad \ldots \quad (12)$$

$$(R_2 + r_2) \mathfrak{J}_2 + j \cdot \omega \cdot L_2 \cdot \mathfrak{J}_2 + j \omega L_{12} \mathfrak{J}_1 = 0 \quad \ldots \quad (13)$$

oder

$$(r_1 + j \cdot \omega \cdot L_1) \mathfrak{J}_1 + j \cdot \omega L_{12} \cdot \mathfrak{J}_2 = \mathfrak{V}_1 \quad \ldots \quad (14)$$

$$(R_2 + r_2 + j \omega L_2) \mathfrak{J}_2 + j \omega L_{12} \mathfrak{J}_1 = 0 \quad \ldots \quad (15)$$

$$\mathfrak{J}_2 = - \frac{j \omega L_{12} \cdot \mathfrak{J}_1}{(R_2 + r_2) + j \omega L_2} \quad \ldots \quad (16)$$

Zähler und Nenner mit $[(R_2 + r_2) - j \omega L_2]$ multipliziert, ergibt:

$$\mathfrak{J}_2 = - \mathfrak{J}_1 \frac{\omega^2 L_2 L_{12} + j \omega L_{12} (R_2 + r_2)}{(R_2 + r_2)^2 + \omega^2 L_2^2} \quad \ldots \quad (17)$$

und da

$$\mathfrak{V}_2 = R_2 \cdot \mathfrak{J}_2$$

und die sekundär abgegebene Leistung:

$$\mathfrak{L}_2 = V_2 \cdot J_2 \cdot \cos \varphi = \mathfrak{V}_2 \cdot \mathfrak{J}_2 = R_2 \cdot (\mathfrak{J}_2 \cdot \mathfrak{J}_2)$$
$$= R_2 (\mathfrak{J}_1 \cdot \mathfrak{J}_1) \cdot \frac{\omega^4 L_2^2 L_{12}^2 + \omega^2 L_{12}^2 (R_2 + r_2)^2}{[(R_2 + r_2)^2 + \omega^2 L_2^2]^2}$$
$$\mathfrak{J} \cdot \mathfrak{J} = J^2$$

ergibt:

$$\mathfrak{L}_2 = \frac{\omega^2 L_{12}^2 R_2}{(R_2 + r_2)^2 + (\omega L_2)^2} J_1^2 \quad \ldots \quad (18)$$

Es sei feste Kopplung und keine Streuung vorausgesetzt, also

$$\text{Kopplungskoeffizient } k = \sqrt{\frac{L_{12}^2}{L_1 \cdot L_2}} = 1;$$

es wird

$$\mathfrak{L}_2 = \frac{R_2 \cdot w^2 \cdot L_1 \cdot L_2}{(R_2 + r_2)^2 + (w L_2)^2} J_1^2$$

$$\mathfrak{L}_2 = \text{konst.} \frac{L_2}{(R_2 + r_2)^2 + \omega^2 L_2^2} \quad \ldots \quad (19)$$

Wir bilden durch Differenzieren die Beziehung für die maximal sekundär abgegebene Leistung

$$\frac{d\mathfrak{L}_2}{dL_2} = \left| \frac{(R_2+r_2)^2 + \omega^2 L_2{}^2 - 2\omega^2 L_2{}^2}{[(R_2+r_2)^2 + \omega^2 L_2{}^2]^2} \right| = 0$$

$$(R_2+r_2)^2 + \omega^2 L_2{}^2 - 2\omega^2 L_2{}^2 = 0$$

$$(R_2+r_2) = \omega L_2 \ \ldots \ldots \ldots (20)$$

d. h. die gesamte Resistenz des Sekundärkreises muß bei maximaler Energieabgabe gleich der induktiven Reaktanz der Sekundärwindungen des Differentialtransformators sein. Schalten wir in den Sekundärkreis eine Kapazität $C$, so geht die Gleichung 11 über in

$$(R_2+r_2)i_2 + L_2\frac{di_2}{dt} + L_{12}\frac{di_1}{dt} + \frac{1}{C}\int i_2\,dt = 0 \ \ldots \ (21)$$

In der symbolischen Darstellung erhalten wir:

$$(R_2+r_2)\mathfrak{J}_2 + j\omega L_2 \mathfrak{J}_2 + j\omega L_{12}\mathfrak{J}_1 - \frac{j}{\omega C}\mathfrak{J}_2 = 0 \ \ldots \ (22)$$

$$\left(R_2+r_2+j\omega L_2 - \frac{j}{\omega C}\right)\mathfrak{J}_2 + j\omega L_{12}\mathfrak{J}_1 = 0$$

$$\mathfrak{J}_2 = -\frac{j\omega L_{12}\mathfrak{J}_1}{R_2+r_2+j\left(\omega L_2 - \frac{1}{\omega C}\right)} \ \ldots \ (23)$$

Für den Resonanzfall wird

$$\omega = \frac{1}{\sqrt{\mathfrak{L}_2 C}}$$

und

$$\mathfrak{L}_2 = \frac{R_2 \cdot \omega^2 L_{12}{}^2 (\mathfrak{J}_1 \cdot \mathfrak{J}_1)}{(R_2+r_2)^2} \ \ldots \ldots \ (24)$$

$$\frac{R_2 \cdot \omega^2 \cdot L_1 \cdot L_2 \cdot J_1{}^2}{(R_2+r_2)^2} = \text{konst.} \ \frac{L_2}{(R_2+r_2)^2}$$

$$\frac{d\mathfrak{L}_2}{dL_2} = \left| \frac{(R_2+r_2)^2}{(R_2+r_2)^4} \right| = 0$$

$$R_2 = r_2 \ \ldots \ldots \ldots (25)$$

Gleichung 25 zeigt, daß für maximale Energieabgabe des Differenzialtransformators der äußere Widerstand gleich demjenigen der Sekundärspule sein muß.

Anschließend an eine Reihe von Versuchen wurden 6 Windungen der spiralförmig gewickelten Primärspule zugrunde gelegt. Der mittlere Windungsdurchmesser war rund 150 mm. Diese geringe Windungszahl wurde mit Rücksicht auf die Eigenverluste des Transformators durch Skineffekt vorgezogen. Um die Dämpfung dieser Windungen möglichst klein zu erhalten, wurde ein aus 8 Litzen verflochtenes Band verwendet. Jede dieser 8 Litzen war aus weiteren 48, unter sich mit Emaille isolierten, verdrillten Kupferdrähten von 0,07 mm Durchmesser zusammengesetzt. Um möglichst symmetrische Primärspulen zu erhalten, wurden 6 Windungen dieses verflochtenen Bandes auf einen Holzzylinder gewickelt und je 4 Anfänge mit den Enden der übrigen 4 Litzenteile verlötet und zu einer gemeinsamen Klemme geführt, die in Fig. 9 mit $C$ bezeichnet ist. Die restlichen 4 Anfänge und 4 Enden bildeten je einen Anschluß für sich und sind in Fig. 9 als $A$ und $B$ zu erkennen. Daß ein ideal symmetrisches Primärsystem dadurch zu erreichen ist, ergab sich daraus, daß bei Vertauschung der beiden Wicklungen die gleiche Einstellung entstand. Eine weitere Kontrolle wurde dadurch erreicht, daß beim Anlegen eines hochfrequenten Stromes an die Klemmen $C$ und $A—B$ kein Strom im Sekundärkreis zu bemerken war.

Für die direkt auf der Holzscheibe in einer Lage aufgewickelte Sekundärspule ergaben 9 Windungen bei der einfachen Litze einem Durchmesser von 135 mm gute Wirkung. Da es hauptsächlich darauf ankam, die empfindlichsten Sekundärschaltungen zu studieren und unter sich zu vergleichen, so wurde obige sekundäre Windungszahl als günstiger Mittelwert für die in Betracht kommenden Null-Stromschaltungen vorgezogen. Die Kritik am Schluß der Arbeit sowie die Gl. 20 auf S. 7 gibt genügenden Anhalt für den Bau eines Differentialtransformators.

Zur Vermeidung der kapazitiven Störungen (siehe Abschn. 6) wurden die Primärwindungen, je innen und außen, durch einen mit Emailledraht bewickelten Zylinder geschirmt. Diese zwei Hüllen wurden längs einer Mantellinie blank geschabt, ein Kupferdraht aufgelötet und zur Erde verbunden. Um durch diese Hüllen das Differentialsystem nicht unnötig zu dämpfen, wurden diametral zur geerdeten Mantellinie die Emailledrahtzylinder aufgeschnitten.

Der Differentialtransformator, der für die Messungen bei 50 und aufwärts bis 2500 Perioden Verwendung fand, wurde ebenfalls im Elektrotechnischen Institut der Technischen Hochschule gebaut. Da eine ausführliche Behandlung des Differentialsystems, im Bereich dieser Frequenzen, an anderer Stelle in der Literatur[1]) gegeben ist, sei hier nur der rein konstruktive Teil berücksichtigt. Dieser Transformator besteht aus einem Toroid aus weichem Eisendraht. Das Drahtbündel hat einen mittleren Durchmesser von 81 mm, der

---

[1]) Hausrath, Untersuchung elektrischer Systeme usf., S. 61. Berlin 1907. Springer. Niebuhr, Diss., Karlsruhe 1907.

Durchmesser des kreisförmigen Querschnitts des Bündels beträgt ca. 13 mm. Vor dem Bewickeln desselben wurde das Eisen mit Isolierband umlegt, dann mit drei Lagen Emailledraht von 0,15 mm Durchmesser bewickelt. Jede Zwischenlage war durch paraffiniertes Papier isoliert. Eine Lage ergab ca. 1293 Windungen und eine Länge von 48,984 m. Die totale Drahtlänge der Sekundärspule ist somit rund 147 m, der Ohmsche Widerstand ca. 90 Ohm. Die letzte Lage wurde wieder mit Isolierband umwickelt. Auf dieses kamen 151 Windungen von Emailledrahtlitze. Dieselbe bestand aus vier unter sich isolierten Drähten von je 0,35 mm Durchmesser, die ganze Länge der Litze ist ca. 7,775 m lang, ein Draht mißt 1,2 Ohm. Die Anschlüsse der Primärwicklungen wurden analog dem auf S. 8 angegebenen Verfahren hergestellt. Das Übersetzungsverhältnis des Transformators ist 1 : 1. Außer diesem Transformator wurde bei manchen Messungen im Bereich der Frequenz 50 bis 2500 noch ein Differentialsystem mit dem Übersetzungsverhältnis 1 : 4 und 1 : 8 verwendet. Die Konstruktion ist ungefähr dieselbe.

## 2. Kapazitäts- und dielektrische Verlustmessung.

### a) Allgemeine Betrachtungen.

Wie schon in der Einleitung angegeben wurde, kommen für Verlustmessungen von Einzelapparaten hauptsächlich die Vergleichsmethoden in Betracht. Dies gilt bis zu einem gewissen Grade auch für die technisch üblichen Frequenzen. Steinmetz[1]) hat für einige technische Kondensatoren der General Electric Company in Schenectady N. Y. nach der Wattmeter-Methode von Rosa und Smith Verluste von paraffinierten Papierkondensatoren mit Staniolbelegung gemessen. Steinmetz fand $\cos \varphi = 0,0038$ bis $0,0068$ (Winkel $\varphi$ siehe Fig. 1 und 2) je nach der Periodenzahl. Bei diesen Untersuchungen nahm der Verlust pro Periode bis ungefähr 100 Perioden zu und fiel bei höheren Frequenzen etwas ab. Ähnliche dielektrische Verlustcharakteristiken sind aus den Arbeiten von Crover[2]) in Washington zu entnehmen. Aus seinen zahlreichen Kurventafeln ist zu ersehen, daß die Abhängigkeit von der Frequenz eine unregelmäßige ist. Anstatt daß nach der Maxwellschen Theorie der heterogenen Dielektrika bei zunehmender Frequenz ein allmähliches Abfallen des Verlustes zu bemerken ist, zeigten die Versuche von Crover bei Glimmerkondensatoren, daß bei Steigerung der Periodenzahl in einigen Fällen eine merkliche Vergrößerung desselben sich

---

[1]) Steinmetz, Lond. Electrician, 1901; El. World, 1901, Bd. 37, S. 1065.
[2]) Crover, Bull. of St. Wash. D. C. 1911.

ergibt. Bei weiterer Zunahme der Frequenz nahmen die Verluste wieder ab. Diese Versuche wurden in dem Bereich der Frequenzen der Starkstromtechnik bis zu 1000 Perioden ausgeführt. Die Meßanordnung war eine Modifikation der Wheatstoneschen Brücke.

Was die Ursache des dielektrischen Verlustes betrifft, so stehen im wesentlichen zwei Ansichten einander gegenüber. Die ersten Veröffentlichungen über diesen Gegenstand sind diejenigen von Steinmetz.[1]) Dieser bezeichnet die Ursache als dielektrische Hysterese. Der Verlust ist nach seinen Anschauungen auf molekulare Reibungsvorgänge zurückzuführen. Dadurch entstehe ein Zurückbleiben der elektrischen Induktion hinter der Intensität des elektrischen Feldes. Dies ergibt somit eine analoge Erklärung, wie für den Verlust durch magnetische Hysterese. Die zweite Anschauung sucht die Verkleinerung des Winkels zwischen Kondensatorstrom und aufgedrückter Spannung durch das Auftreten von Leitungserscheinungen, vielleicht elektrolytischen Charakters, oder als eine besondere Form eines in einem Widerstande stattfindenden Verlusts zu erklären, wie dies mit Hilfe der mehrfach dazu verwendeten Maxwellschen Theorie zu bestätigen ist. Crover[2]) hat bei Messungen an Papierkondensatoren seine Versuchsresultate mit den Theorien von Maxwell, Houllevigue, Pellat, von Schweidler und Hopkinson verglichen. Er stellte zu diesem Zwecke für sinusförmige elektromotorische Kraft die Ausdrücke für Kapazität und Phasendifferenz zwischen Strom und Spannung auf. Seine Resultate zeigen, daß die Theorie von von Schweidler am besten den Beobachtungswerten nahekommt. Crover drückt sich in seinen Schlußbetrachtungen unter anderm wie folgt aus: „von Schweidler nimmt die Schwingungen der Moleküle im Dielektrikum aperiodisch gedämpft an und erklärt sich dadurch die dielektrischen Verluste. Da Kapazität sowie Verlust von Frequenz, Temperatur usw. abhängen, sind die experimentell gefundenen Werte durch eine Reihe von Ursachen hervorgerufen. Dies kann in der von Schweidlerschen Theorie dadurch zum Ausdruck gebracht werden, daß man verschiedene Gesetze der Verteilung dieser Moleküle als Funktion der Zeit für verschiedene Kondensatoren oder ein und denselben Kondensator bei verschiedenen Temperaturen annimmt."

### b) Verlustwinkel von Kondensatoren.

Vielfach sind die in der Hochfrequenztechnik verwendeten Kondensatoren unvollkommene, weisen somit Verluste auf, da der

---

[1]) Steinmetz, ETZ, Bd. 13, S. 227. 1892.
[2]) Crover, Bull. of St., Wash. D. C. 1911.

Kondensatorstrom um einen kleineren Winkel als 90 Grad der aufgedrückten EMK voreilt. Diese Abweichung des Winkels von 90 Grad ist in der Regel sehr klein, kann aber in manchen Fällen beträchtlichen dielektrischen Verlusten entsprechen, was gleichbedeutend einer Erhöhung der Dämpfung des Schwingungskreises ist. Da bei unserer Methode die Phasendifferenz immer durch den Winkel, den der Strom des unvollkommenen Kondensators mit dem Strom eines Kondensators ohne Absorption bildet, bestimmt wurde, so war die erste Bedingung, solche verlustlose Kapazitäten herzustellen. Nach Giebe[1]) sind in den meisten Fällen Luftkondensatoren praktisch als vollkommen anzusehen. Zur Verwendung kamen, nach dem Muster der Phys. Reichsanstalt in der Hochschulwerkstätte hergestellte Drehkondensatoren. Außer einer linearen Variation durch Verdrehung der beweglichen Platten gegen die festen kann die Kapazität durch Aufeinandersetzen verschiedener Einheiten stufenweise verändert werden.

Es bezeichne $\varphi$ in Fig. 1 und 2 den Phasenunterschied von Strom und Kondensatorspannung. $\delta$ sei die Winkeldifferenz $90 - \varphi$, d. h. der Verlustwinkel des Kondensators. In den Figuren bedeute $C$ die

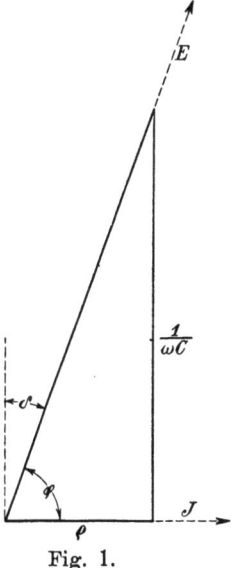

Fig. 1.

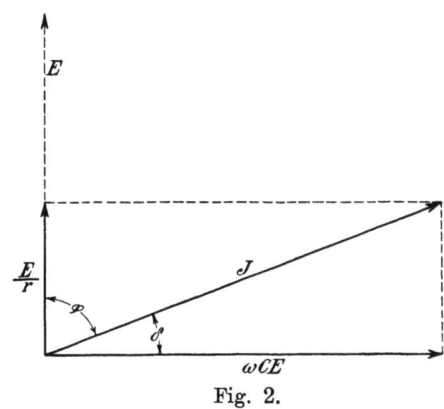

Fig. 2.

Kapazität und $\omega$ das $2\pi$ fache der Periodenzahl.

Die Leistung im Dielektrikum ist also

$$\mathfrak{L} = E \cdot J \cdot \cos \varphi = E \cdot J \sin \delta \approx E \cdot J \cdot \delta \quad \ldots \quad (1)$$

Man kann nun die unvollkommene Kapazität durch einen Luftkondensator ersetzen, dem ein Widerstand $\varrho$ vorgeschaltet ist (Fig. 1),

---

[1]) Giebe, Zeitschr. f. Instrum. 1909.

oder durch einen Luftkondensator, dem ein Widerstand $r$ parallel liegt (Fig. 2). Streng genommen ist die Kapazität $C$ in beiden Fällen nicht genau dieselbe. Da die Differenz gewöhnlich verschwindend klein, so kann sie in den praktisch vorkommenden Fällen vernachlässigt werden.[1])

Für die Serieschaltung gilt die Beziehung

$$\operatorname{tg} \delta = \varrho \cdot \omega \cdot C \quad \ldots \ldots \ldots \quad (2)$$

Für die Parallelanordnung

$$\operatorname{tg} \delta = \frac{1}{\omega \cdot C \cdot r} \quad \ldots \ldots \ldots \quad (3)$$

### c) Analytische Definition der dielektrischen Verlustgröße.

Mit Rücksicht auf die Folgerungen, die aus den Bedingungen des abgeglichenen Differentialsystems zu ziehen sind, sei hier eine mathematische Ableitung gegeben.

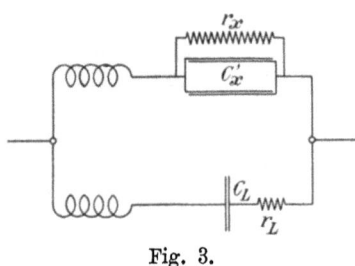

Fig. 3.

Vorausgesetzt ist, daß die aufgedrückte Spannung rein sinusförmig ist. Die einfachste Lösung gewinnt man durch Einführung der Widerstandsoperatoren. In der Fig. 3 denken wir uns zunächst im oberen Zweig die Verlustkapazität, etwa eine Leydnerflasche, $C_x$ eingeschaltet. $C_L$ stelle einen Luftkondensator dar, dessen Größe genau auf die Kapazität von $C_x$ einreguliert sei. Wie schon auf Seite 5 bemerkt wurde, ist nur dann ein Verschwinden der magnetischen Felder der beiden Primärspulen zu erreichen, wenn die Ströme in den parallelen Zweigen des Differentialsystems der Größe und Phase nach gleich sind. Dies ist bei Gleichheit der Kapazitäten und Widerstände erfüllt. Wir ersetzen nun die mit Verlust behaftete Kapazität $C_x$ durch eine verlustfreie Kapazität $C_x'$ mit parallel geschaltetem Widerstand $r_x$. Auch wenn diese Ersatzschaltung dem physikalischen Vorgang nicht entsprechen würde, ist sie doch nach obigem auf eine bestimmte Periodenzahl zulässig, da es bei der Messung nur auf das Verhältnis und die Phasenverschiebung zwischen Strom und Spannung des unvollkommenen Kondensators ankommt.

$a_x$ sei der Widerstandsoperator des Zweiges mit der Kapazität $C_x$, $a_L$ sei entsprechend derjenige des andern Zweiges. Da

---

[1]) Näheres siehe: Hausrath, Differentialmethode zur Messung des effektiven Widerstands und effektiven Kapazität für Wechselstrom in elektrolytischen Zellen, insbesondere Akkumulatoren. (Nernst-Festschrift, 1912.)

### Analytische Definition der dielektrischen Verlustgröße.

beide Zweige die gleich große Selbstinduktion $L$ enthalten und uns nur die Gleichheit beider Operatoren interessiert, so seien in den Ausdrücken für $a_x$ und $a_L$ nur diejenigen Anteile zu verstehen, die vom Vergleichs- und Versuchsobjekt gebildet werden.

Es wird also

$$a_x = \frac{r_x \cdot \frac{1}{j\omega C_x'}}{r_x + \frac{1}{j\omega C_x'}} = \frac{r_x}{1 + j\omega C_x' \cdot r_x} \quad \ldots \quad (4)$$

$$a_L = r_L + \frac{1}{j\omega C_L} \quad \ldots \ldots \quad (5)$$

Für abgeglichene Differentialschaltung wird, da die Ströme $J_x = J_L$,
$$a_x = a_L,$$
also

$$r_L + \frac{1}{j\omega C_L} = \frac{r_x}{1 + j\omega C_x' \cdot r_x} \quad \ldots \ldots \quad (6)$$

$$r_L - \frac{j}{\omega C_L} = \frac{r_x(1 - j\omega C_x' \cdot r_x)}{1 + (\omega \cdot C_x' \cdot r_x)^2}$$

$$\frac{r_x - j\omega C_x' \cdot r_x^2}{1 + (\omega C_x' \cdot r_x)^2} + \frac{j}{\omega C_L} - r_L = 0$$

$$\left[\frac{r_x}{1 + (\omega C_x' \cdot r_x)^2} - r_L\right] + j\left[\frac{1}{\omega C_L} - \frac{\omega C_x' \cdot r_x^2}{1 + (\omega C_x' \cdot r_x)^2}\right] = 0 \quad \ldots \quad (7)$$

Reeller und imaginärer Teil getrennt:

$$\frac{r_x}{1 + (\omega C_x' \cdot r_x)^2} = r_L \quad \ldots \ldots \quad (8)$$

$$\frac{1}{\omega C_L} = \frac{\omega C_x' \cdot r_x^2}{1 + (\omega C_x' \cdot r_x)^2} \quad \ldots \ldots \quad (9)$$

$$\omega \cdot C_L \cdot \omega C_x' \cdot r_x^2 = 1 + (\omega C_x' \cdot r_x)^2$$

$$C_L = \frac{1 + \omega^2 C_x'^2 \cdot r_x^2}{\omega^2 C_x' r_x^2} \quad \ldots \ldots \quad (10)$$

Die Gleichungen 8 und 10 geben die Meßgrößen als Funktion der Ersatzkapazität $C_x'$ und des Ersatzwiderstandes $r_x$ des zu untersuchenden Kondensators. Es ergibt sich hieraus, daß für jede Frequenz eine andere Einstellung nötig ist. Der dielektrische Verlust ist:

$$\mathfrak{L} = J_L^2 \cdot r_L \quad \ldots \ldots \quad (11)$$

Ist $E$ die Kondensatorspannung, so läßt sich der Verlust wie folgt ausdrücken:

$$\mathfrak{L} = \frac{E^2}{r_x}{}^1) \quad \ldots \ldots \ldots \ldots (12)$$

Der fiktive Widerstand $r_x$ leitet sich wie folgt ab:

Durch Umformung der Gleichungen 8 und 10 erhält man:

$$r_L \cdot \omega^2 \cdot C_x'^2 \cdot r_x^2 = r_x - r_L$$
$$\omega^2 \cdot C_x'^2 \cdot r_x^2 = \omega^2 \cdot C_x' \cdot C_L \cdot r_x^2 - 1.$$

Diese Gleichungen durcheinander dividiert, gibt:

$$\omega^2 \cdot C_x' \cdot C_L \cdot r_L \cdot r_x = 1 \quad \ldots \ldots (13)$$

Hieraus $C_x'$ in Gleichung 8 eingesetzt, gibt:

$$r_x = \frac{1 + r_L^2 \cdot \omega^2 C_L^2}{r_L \cdot \omega^2 C_L^2} \quad \ldots \ldots (14)$$

Die Gleichung 12 geht somit über in:

$$\mathfrak{L} = \frac{r_L \cdot \omega^2 \cdot C_L^2}{1 + r_L^2 \cdot \omega^2 C_L^2} \cdot E^2 \quad \ldots \ldots (15)$$

oder wegen Gleichung 13:

$$\mathfrak{L} = r_2 \cdot \omega^2 \cdot C_L C_x' E^2 \quad \ldots \ldots (16)$$

Wenn die elektrische Verlustleistung $\mathfrak{L}$ genau dem Quadrat der Spannung proportional ist, so darf bei abgeglichener Differentialanordnung, konstanter Frequenz und bei Änderung von $E$ das Glied $r_L$ in Gleichung 11 bzw. der Faktor $\frac{r_L \cdot \omega^2 C_L^2}{1 + r_L^2 \omega^2 C_L^2}$ in Gleichung 15 sich nicht ändern. Näher auf diesen Fall einzugehen, wurde vom Verfasser unterlassen, da in der Literatur derartiges schon zu finden ist. Es sei deshalb auf die Arbeit von Monasch[2]) hingewiesen.

### d) Formeln für die Messung des Verlustwinkels von Kondensatoren.

Die Übertragung der üblichen Brückenmethoden auf die Differentialmethode ist äußerst einfach, da die zwei übrigen Widerstands-

---

[1]) $E$ bedeutet die effektive Spannung, $J_L$ die effektive Stromstärke am Kondensator.

[1]) Monasch ist in seiner Arbeit über dielektrische Verluste in Kabeln näher auf diesen Fall eingegangen. Er benutzte die Brückenmethode und eine der Gleichung 14 entsprechende Formel und berechnete die Änderung von $r_L$ für den Fall, daß der Verlust der 2·1ten Potenz von $E$ proportional ist. (Diss. Danzig 1906.)

Formeln für die Messung des Verlustwinkels von Kondensatoren.

zweige der Wheatstoneschen Brücke wegfallen oder in andern Worten, das Verhältnis derselben für vorliegenden Fall gleich der Einheit zu setzen ist.

Da es bei den Verlustmessungen nur auf die Bestimmung des Verlustwinkels ankommt, ist es prinzipiell gleichgültig, ob man den zu messenden Kondensator durch einen verlustlosen mit Vorschaltwiderstand oder Parallelwiderstand ersetzt denkt. Im Vergleichszweige ist jedoch die Serienschaltung vorzuziehen, damit durch die Selbstinduktion der Zuleitungen möglichst geringer Fehler entsteht.

Wir stellen zunächst die Beziehungen für Serienschaltung zusammen.

Hierbei befindet sich in jedem Differentialzweig ein Kondensator $C_x$ bzw. $C_y$. Beide seien der Allgemeinheit halber mit Verlust behaftet angenommen. $\varrho_x$ sei der hier in Serie mit der Kapazität gedachte fiktive Widerstand der Kapazität $C_x$, $\varrho_y$ derjenige von $C_y$ und die Widerstände $r_x$, $r_y$ seien den entsprechenden Kondensatoren vorgeschaltet. In den beiden Zweigen werden genau dieselben Zuleitungen benutzt (ideal verdrillte Litzen); die Verkleinerung der Stromamplituden der beiden Zweige ist also eine gleichgroße, und die Messung wird dadurch nicht beeinflußt. Etwaige Einflüsse durch Selbstinduktion oder kapazitive Wirkungen der Zuleitungen können durch symmetrischen Aufbau leicht vermieden werden. Die Widerstandsoperatoren werden analog S. 13:

$$a_x = r_x + \varrho_x - \frac{j}{\omega C_x}$$

$$a_y = r_y + \varrho_y - \frac{j}{\omega C_y}$$

$$r_x + \varrho_x - \frac{j}{\omega C_x} = r_y + \varrho_y - \frac{j}{\omega C_y}$$

$$(r_x + \varrho_x) - (r_y + \varrho_y) = j\left(\frac{1}{\omega C_x} - \frac{1}{\omega C_y}\right)$$

$$\frac{r_x + \varrho_x}{r_y + \varrho_y} = \frac{\omega C_x}{\omega C_y} = 1$$

$$r_x \cdot \omega C_x - r_y \omega C_y = \varrho_y \omega C_y - \varrho_x \omega C_x.$$

Nach Gleichung 2 (S. 4) wird

$$\operatorname{tg} \delta_x - \operatorname{tg} \delta_y = r_y \omega C_y - r_x \omega C_x \quad \ldots \ldots (17)$$

Da die Winkel sehr klein, so kann man schreiben:

$$\operatorname{tg}(\delta_x - \delta_y) = \omega(r_y C_y - r_x C_x) \quad \ldots \ldots (17a)$$

Wenn $\delta_y = 0$, d. h. $\varrho_y = 0$:
$$\operatorname{tg}\delta_x = r_y \omega C_y \quad \ldots \ldots \ldots \quad (18)$$

Stellt also $C_y$ einen Luftkondensator dar und ist $r_y$ der Verlustwiderstand in Serie mit $C_y$, so ist der Verlustwinkel für $C_x$ nach Gleichung 18 zu berechnen. Ist nur ein qualitatives Urteil, für zwei oder mehrere Kondensatoren, erwünscht, so stellt Gleichung 17 die Lösung dafür dar. Da $C_x$ und $C_y$ bei abgeglichener Anordnung gleichgroß[1]) sind, ist nur die Differenz $(r_y - r_x)$ maßgebend. Je nach dem Vorzeichen des Klammerwertes weist der eine oder der andere Kondensator mehr Verluste auf.

In Fig. 2 ist der unvollkommene Kondensator durch einen verlustlosen und einen parallelen Widerstand ersetzt. Diese Ersatzschaltung soll auf den eben behandelten Fall angewendet werden. $C_x$ und $C_y$ seien wieder die beiden Verlustkapazitäten, $r_x$ und $r_y$ deren fiktive Widerstände und $w_x$ bzw. $w_y$ die entsprechenden Widerstände, parallel zu $C_x$ und $C_y$, zur Verlusteinstellung.

Es gilt also:
$$X = \frac{1}{r_x} + \frac{1}{w_x}$$
$$Y = \frac{1}{r_y} + \frac{1}{w_y}$$
$$a_x = \frac{1}{X + j\omega C_x}$$
$$a_y = \frac{1}{Y + j\omega C_y}$$
$$X + j\omega C_x = Y + j\omega C_y$$
$$\frac{\frac{1}{r_x} + \frac{1}{w_x}}{\frac{1}{r_y} + \frac{1}{w_y}} = \frac{\omega C_x}{\omega C_y} = 1$$
$$\frac{1}{r_x \cdot \omega \cdot C_x} - \frac{1}{r_y \cdot \omega \cdot C_y} = \frac{1}{w_y \cdot \omega \cdot C_y} - \frac{1}{w_x \cdot \omega \cdot C_x}$$

Nach Gleichung 3 (S. 12) wird somit
$$\operatorname{tg}\delta_x - \operatorname{tg}\delta_y = \frac{1}{w_y \cdot \omega \cdot C_y} - \frac{1}{w_x \cdot \omega \cdot C_x} \quad \ldots \quad (19)$$

---

[1]) Strenggenommen sind $C_x$ und $C_y$ nur angenähert gleich (außer bei $r_x = r_y$), da die Kapazität in den äquivalenten Schemata (Fig. 1 und Fig. 2) nicht genau gleich ist. (Vgl. Hausrath, Differentialmethode usw. Nernstfestschrift 1912.)

oder
$$\operatorname{tg}(\delta_x - \delta_y) = \frac{1}{w_y \omega C_y} - \frac{1}{w_x \omega C_x} \quad \ldots \ldots (19\,\mathrm{a})$$

Ist $C_y$ wieder ein Luftkondensator, so wird analog Gleichung 18, da $w_y = r_x = \infty$:
$$\operatorname{tg}\delta_x = \frac{1}{w_y \cdot \omega C_y} \quad \ldots \ldots \ldots (20)$$

Hat man Verluste von größeren Kapazitäten zu bestimmen, so werden Luftkondensatoren als Vergleichsobjekte unförmig groß, und ein symmetrischer Aufbau der Differentialanordnung wird dadurch erschwert. In solchen Fällen ist es ratsam, vorhandene unvollkommene Kapazitäten, deren Verlustwinkel in Betracht kommenden Fällen bekannt sind, parallel zu schalten. Es soll im Folgenden der Verlustwinkel der Kombination ermittelt werden. Es seien $\delta_1, \delta_2 \ldots \delta_{n-1}, \delta_n$ die bekannten Verlustwinkel der Kapazitäten $C_1, C_2 \ldots C_{n-1}, C_n$. Analog der Gleichung 2 (S. 12) erhält man die Beziehungen:

$$\left. \begin{aligned} \operatorname{tg}\delta_1 &= \varrho_1 \omega C_1 = \frac{\varrho_1}{a_1'} \\ \operatorname{tg}\delta_2 &= \varrho_2 \omega C_2 = \frac{\varrho_2}{a_2'} \\ &\ldots\ldots\ldots\ldots \\ \operatorname{tg}\delta_{n-1} &= \varrho_{n-1} \cdot \omega \cdot C_{n-1} = \frac{\varrho_{n-1}}{a_{n-1}'} \\ \operatorname{tg}\delta_n &= \varrho_n \cdot \omega \cdot C_n = \frac{\varrho_n}{a_n'} \end{aligned} \right\} \ldots (21)$$

Die Widerstandsoperatoren der einzelnen Kondensatoren lauten:

$$\left. \begin{aligned} a_1 &= \varrho_1 - \frac{j}{\omega C_1} = \varrho_1 - j a_1' \\ a_2 &= \varrho_2 - \frac{j}{\omega C_2} = \varrho_2 - j a_2' \\ &\ldots\ldots\ldots\ldots \\ a_{n-1} &= \varrho_{n-1} - \frac{j}{\omega C_{n-1}} = \varrho_{n-1} - j a_{n-1}' \\ a_n &= \varrho_n - \frac{j}{\omega C_n} = \varrho_n - j a_n' \end{aligned} \right\} \ldots (22)$$

Da die Kapazitäten parallel geschaltet sind, gilt für den kombinierten Operator:
$$\frac{1}{A} = \frac{1}{a_1} + \frac{1}{a_2} + \cdots + \frac{1}{a_{n-1}} + \frac{1}{a_n} \quad \ldots (23)$$

worin
$$\begin{aligned}\frac{1}{a_1} &= \frac{\varrho_1 + j a_1'}{\varrho_1^2 + a_1'^2} = \alpha_1 + j\beta_1 \\ \frac{1}{a_2} &= \alpha_2 + j\beta_2 \\ &\cdots\cdots\cdots\cdots\cdots \\ \frac{1}{a_{n-1}} &= \alpha_{n-1} + j\beta_{n-1} \\ \frac{1}{a_n} &= \alpha_n + j\beta_n\end{aligned} \quad \bigg\} \quad \ldots (24)$$

Aus den Gleichungen 23 und 24 erhält man
$$\frac{1}{A} = \alpha_1 + \alpha_2 + \ldots + \alpha_{n-1} + \alpha_n) + j(\beta_1 + \beta_2 + \ldots + \beta_{n-1} + \beta_n)$$
$$A = \frac{(\alpha_1 + \alpha_2 + \ldots + \alpha_{n-1} + \alpha_n) - j(\beta_1 + \beta_2 + \ldots + \beta_{n-1} + \beta_n)}{(\alpha_1 + \alpha_2 + \ldots + \alpha_{n-1} + \alpha_n)^2 + (\beta_1 + \beta_2 + \ldots + \beta_{n-1} + \beta_n)^2}.$$

Der resultierende Verlustwinkel ist somit
$$\operatorname{tg}\delta_R = \frac{\alpha_1 + \alpha_2 + \ldots + \alpha_{n-1} + \alpha_n}{\beta_1 + \beta_2 + \ldots + \beta_{n-1} + \beta_n}$$

$$= \frac{\dfrac{\varrho_1}{\varrho_1^2 + \left(\dfrac{1}{\omega C_1}\right)^2} + \dfrac{\varrho_2}{\varrho_2^2 + \left(\dfrac{1}{\omega C_2}\right)^2} + \cdots + \dfrac{\varrho_{n-1}}{\varrho_{n-1}^2 + \left(\dfrac{1}{\omega C_{n-1}}\right)^2} + \dfrac{\varrho_n}{\varrho_n^2 + \left(\dfrac{1}{\omega C_n}\right)^2}}{\dfrac{\dfrac{1}{\omega C_1}}{\varrho_1^2 + \left(\dfrac{1}{\omega C_1}\right)^2} + \dfrac{\dfrac{1}{\omega C_2}}{\varrho_2^2 + \left(\dfrac{1}{\omega C_2}\right)^2} + \cdots + \dfrac{\dfrac{1}{\omega C_{n-1}}}{\varrho_{n-1}^2 + \left(\dfrac{1}{\omega C_{n-1}}\right)^2} + \dfrac{\dfrac{1}{\omega C_n}}{\varrho_n^2 + \left(\dfrac{1}{\omega C_n}\right)^2}}$$

$$\operatorname{tg}\delta_R = \frac{\dfrac{\varrho_1 \omega^2 C_1^2}{\operatorname{tg}^2\delta_1 + 1} + \dfrac{\varrho_2 \omega^2 C_2^2}{\operatorname{tg}^2\delta_2 + 1} + \cdots + \dfrac{\varrho_{n-1}\cdot \omega^2 C_{n-1}^2}{\operatorname{tg}^2\delta_{n-1} + 1} + \dfrac{\varrho_n\cdot \omega^2 C_n^2}{\operatorname{tg}^2\delta_n + 1}}{\dfrac{\omega C_1}{\operatorname{tg}^2\delta_1 + 1} + \dfrac{\omega C_2}{\operatorname{tg}^2\delta_2 + 1} + \cdots + \dfrac{\omega C_{n-1}}{\operatorname{tg}^2\delta_{n-1} + 1} + \dfrac{\omega C_n}{\operatorname{tg}^2\delta_n + 1}}$$

$\operatorname{tg}^2\delta + 1$ ist bei den praktisch vorkommenden Größe der Winkel $\delta$ gleich der Einheit zu setzen, es wird also

$$\operatorname{tg}\delta_R = \frac{C_1 \cdot \operatorname{tg}\delta_1 + C_2\operatorname{tg}\delta_2 + \ldots + C_{n-1}\operatorname{tg}\delta_{n-1} + C_n\operatorname{tg}\delta_n}{C_1 + C_2 + \ldots + C_{n-1} + C_n} \quad . \ (25)$$

## 3. Messung der wirksamen Selbstinduktion und der Widerstandserhöhung durch Skineffekt.

### a) Ziel der Untersuchung.

Der Widerstand und die Selbstinduktion von eisenfreien Spulen können sich bei Wechselstrom sowohl infolge induktiver Wirkungen ändern (Skineffekt) als auch infolge der Kapazität, die die einzelnen Windungen gegeneinander besitzen. Wegen der Theorie dieser Erscheinungen und der in den letzten Jahren hierin angestellten Untersuchungen muß hier auf die Literatur verwiesen werden.[1]

Zur Verringerung der Widerstandsvermehrung durch Skineffekt werden bekanntlich für die Empfangssystem-Spulen der drahtlosen Telegraphie allgemein verdrillte Emailledrähte verwendet. Für die großen Leiterquerschnitte, die für Sonderspulen, insbesondere Variometer notwendig sind, und die sich durch runde Litzen praktisch nicht mehr ausführen lassen, suchte die heute drahtlose Telegraphie eine weitere Unterteilung dadurch auszuführen, daß nach Vorschlag von Reudahl 8 oder mehr solcher Litzen miteinander zu einem Band verflochten wurden. Von dieser weitgehenden Unterteilung scheint man inzwischen wieder zugunsten von einfachen massiven Kupferbändern abgekommen zu sein, ohne daß aus der Literatur ein Schluß gezogen werden kann, ob dies aus theoretischen oder technischen Gründen geschehen ist.

Da die Untersuchung so kleiner Widerstände bei Hochfrequenz nach den bekannten Methoden ganz besonderen Schwierigkeiten begegnet, schien es eine lohnende Aufgabe, durch Untersuchung verschieden unterteilter Bänder und Bandlitzen von großem Gesamtquerschnitt zur Klärung dieser Frage beizutragen.

### b) Graphische Darstellung, Strom- und Widerstandsdreieck.

In Fig. 4 sei $ABC$ das Impedanzdreieck, für den Fall, daß der Leiterquerschnitt gleichmäßig vom Strom durchflossen wird, $CDE$ dasjenige bei Stromverdrängung. $r_0$ bedeutet den Gleichstromwiderstand der Spule, $r_s$ den effektiven Widerstand bei Skineffekt, $X_0 = \omega L_0$ und $X_s = \omega L_s$ die entsprechenden Reaktanzen. Die Figur zeigt,

---

[1] Max Wien, Ann. der Physik Heft 14, 1904; Cohen, Bull. of the Bur. of St. 1907; Sommerfeld, Ann. der Phys. **15**, 673 (1904), und **24**, 609 (1907); Orlich, Kapazität und Induktivität; Rusch, ETZ Heft 45 (1908); A. Meißner, Jahrb. d. drahtl. Tel. (1909); Lindemann, Verh. d. D. phys. Ges. **11**, p. 682 (1909), **12**, p. 572 (1910), Jahrb. der drahtl. Tel. **4**. 561 (1911); H. C. Möller, Ann. der Physik, Heft **14**, 1911; Herrmann, Verh. d. D. phys. Ges. **13**, 978 (1911); P. Girault, ETZ Heft 28, 1912; Vos, Verh. d. D. phys. Ges. **14**, p. 683 (1912); Lindemann und Hüter, Verh. d. D. phys. Ges. **15**, p. 219 (1913).

daß der Winkel $\varphi$, der die Phasenverschiebung zwischen Strom und Spannung darstellt, bei Stromverdrängung kleiner ist und da die Verminderung der Selbstinduktion in den gewöhnlich vorkommenden Fällen sehr gering, so wird in der Regel auch die durch die Spule fließende Energie zum größten Teil auf Kosten der durch Skineffekt erhöhten Jouleschen Verluste verkleinert werden.

Da das Stromdreieck dem Widerstandsdreieck ähnlich, so kann man in Fig. 4 bei unberücksichtigtem Maßstab $\overline{CD}$ gleich der Wattkomponente und $\overline{CE}$ gleich der wattlosen Komponente des eingezeichneten Stromes setzen. Die Strecke $\overline{BC}$ ist also ein Maß für die bei Gleichstromwiderstand der Spule in Wärme umgesetzte Energie und $\overline{BD}$ stellt die Widerstandszunahme bei Stromverdrängung, somit den durch Skineffekt erhöhten Jouleschen Verlust dar. Die Differenz $X_0 - X_s = \overline{AE}$ entspricht einer wattlosen Stromkomponente und zeigt, daß die Droßlung der Spule bei Stromverdrängung kleiner ist.

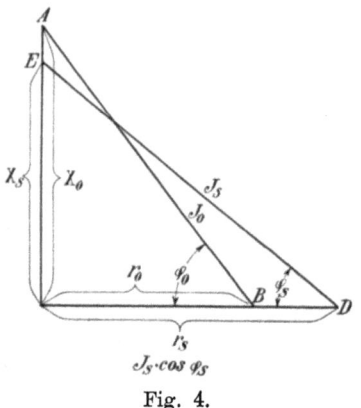

Fig. 4.

### c) Relative Methode zum Vergleich der Differenz der Widerstandszunahme zweier Selbstinduktionen.

Fig. 4 zeigt, daß die Widerstandserhöhung $\varDelta r = r_s - r_0$ allein einem Eigenverluste in der Spule entspricht. Um die Differenz der Widerstandszunahme zweier Spulen zu messen, wurde die in Fig. 5 dargestellte Differentialschaltung verwendet. Die Stromphasen der beiden Differentialzweige seien durch Abgleichung der beiden Selbstinduktionen auf gleiche Werte gebracht. Der effektive Widerstand der einen Selbstinduktion sei $r$, derjenige der andern $r + \varDelta r$. Ein Schleifkontakt, der auf einem kurzen Manganin- oder Konstantandraht verschoben werden kann, bilde die eine Stromführung, während die zweite durch die gemeinsame Klemme $C$ (Fig. 9) des Differentialtransformators hergestellt ist. Auf diese Weise können die Stromamplituden durch passende Widerstandseinstellung des Schleifdrahtes

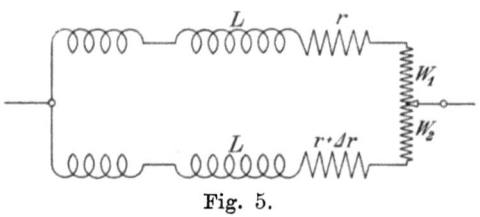

Fig. 5.

abgeglichen werden. $w_1$ sei dem effektiven Spulenwiderstand $r$ und $w_2$ dem Widerstand $r + \varDelta r$ vorgeschaltet. Die Widerstandsoperatoren der beiden Zweige einander gleichgesetzt, ergeben.

$$w_1 + r + j\omega L = w_2 + r + \varDelta r + j\omega L \quad \ldots \quad (1)$$

und es wird

$$\varDelta r = w_1 - w_2 \quad \ldots \ldots \ldots (2)$$

Diese Widerstandsdifferenz ergibt sich umso genauer, je kleiner die Verzweigungswiderstände $w_1$ und $w_2$ gewählt sind. Der Verfasser machte deshalb bei den Vergleichsmessungen immer zuerst eine orientierende Abgleichung und schaltete bei der endgültigen Messung der Selbstinduktion mit dem kleineren Jouleschen Verluste ein entsprechend kurzes Konstantan- oder Manganindrähtchen vor, das durch einen Schleifkontakt einreguliert wurde.

### d) Absolute Meßmethode.

Ist der effektive Widerstand einer Spule zu bestimmen, so haben die Vergleichsmethoden den Nachteil, daß nur die Differenz der Verlustwiderstände beider Selbstinduktionen meßbar sind, da eine verlustlose Vergleichsselbstinduktion praktisch nicht herstellbar ist.

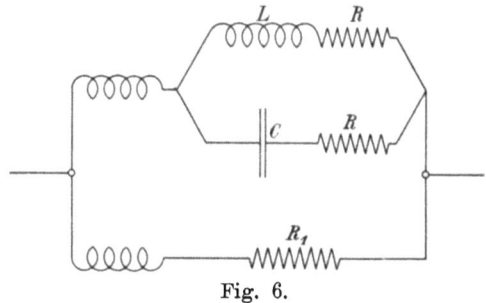

Fig. 6.

Folgende Methode[1]) beseitigt diesen Übelstand, indem die zu messende Selbstinduktion mit einem verlustlosen (Luft-)Kondensator verglichen wird. Die Widerstandsoperatoren der beiden Differentialzweige (Fig. 6) lauten

$$\left. \begin{aligned} a_1 &= R_1 \\ a_2 &= \frac{(R + j\cdot\omega\cdot L)\left(R - \dfrac{j}{\omega\cdot C}\right)}{2\cdot R + j\cdot\omega\cdot L - \dfrac{j}{\omega\cdot C}} \end{aligned} \right\} \quad \ldots \ldots (1)$$

---

[1]) Die Schaltung ist aus dem Werk von Russel, A Treatise on the Theorie of Alternating Currents, Volume 1, entnommen und auf die Differentialanordnung angewendet.

$$R^2 - j\cdot\frac{R}{\omega C} + j\cdot\omega\cdot L\cdot R + \frac{L}{C} = 2\cdot R\cdot R_1 + j\cdot\omega\cdot L\cdot R_1 - \frac{j}{\omega C}\cdot R_1$$

durch Trennung des imaginären vom reellen Teil erhält man

$$j\left(\omega L R_1 - \omega L R + \frac{R}{\omega C} - \frac{R_1}{\omega C}\right) = 0 \quad \ldots \quad (2)$$

$$R^2 - 2R_1 R + \frac{L}{C} \quad \ldots \ldots \ldots \quad (3)$$

Der Gl. 2 genügt der Ausdruck

$$\omega^2 \cdot L \cdot C = 1 \ldots \ldots \ldots \quad (4)$$

und als Lösung des reellen Teils ergibt sich

$$R_1 = \frac{1}{2}\left(R + \frac{L}{R\cdot C}\right) \quad \ldots \ldots \quad (5)$$

d. h. die Kombination von $R$, $L$ und $C$ kann bei Stromresonanz durch einen rein Ohmschen Widerstand $R_1$, dessen Größe durch die Gl. 5 bestimmt ist, ersetzt werden. Wird jedoch $R_1 = R$ gesetzt, so ist 2 identisch für jede Frequenz erfüllt und man erhält als weitere Abgleichungsbedingung

$$R = \sqrt{\frac{L}{C}} \quad \ldots \ldots \ldots \quad (6)$$

Dies ergibt somit eine Methode, die für alle Frequenzen gilt, also unabhängig davon ist, welche Kurvenform auch die Stromwelle haben mag, natürlich abgesehen von der Abhängigkeit, die die zu messende Größe selbst in bezug auf die Frequenz besitzt. Die Einstellung des Differentialsystems ist hier aber bedeutend erschwert, da bei dieser Methode für gegebenes $R$ und $L$ drei Abgleichungsbedingungen gleichzeitig erfüllt werden müssen.

## 4. Messung kleiner Eisenverluste.

Wird in das magnetische Feld einer Spule ein Eisenkern gebracht, so vergrößert sich die Anzahl der Kraftlinien, somit auch der Selbstinduktionskoeffizient der Spule. Da der Kraftfluß nicht proportional mit der Stromstärke $i$ zunimmt, ist der Selbstinduktionskoeffizient bei Vorhandensein von Eisen im Spulenfeld für ein und dieselbe Frequenz keine Konstante mehr, sondern eine von $i$ abhängige Größe. Da der Eisenkern einen Energieverbraucher darstellt, wird sich auch der Ohmsche Widerstand der Spule scheinbar vergrößern und ebenfalls vom Strom $i$ und der Frequenz abhängen. Man kann somit das Ferromagnetikum durch einen Sekundärkreis ersetzen und eine der drei Konstanten (Ohmscher Widerstand, Selbstinduktion, gegenseitige Induktion) dieses fiktiven Kreises annehmen, die übrigen beiden Größen sind durch die Dimensionen und Leitfähigkeit des Eisenkerns gegeben.

Die Trennung des gesamten Verlustes im Ferromagnetikum von dem durch Stromverdrängung hervorgerufenen läßt sich in einfacher Weise durch zwei aufeinanderfolgende Messungen ausführen. Man gleicht zu diesem Zweck die Differentialanordnung für die Spule ohne Eisen ab und erhält somit, bei Kenntnis des Gleichstromwiderstandes, ein Maß für die Widerstandserhöhung durch Skineffekt; bringt dann den Eisenkörper in die Spule und stellt wieder die Ströme der beiden Differentialzweige auf gleiche Amplitude und Phase ein. Die letzte Abgleichung ergibt den Anteil der Widerstandserhöhung, der durch den gesamten Eisenverlust bedingt ist.[1])

## 5. Methode zur Bestätigung der Bedingung $R_2 + r_2 = \omega L_2$ für maximale Leistung des Differentialtransformators.

In folgendem soll die Methode zur experimentellen Prüfung obigen Ausdrucks (Gl. 20, Seite 7) angegeben werden. Löst man Gl. 12, Seite 6, nach dem Stromvektor $\mathfrak{J}_2$ auf und setzt den erhaltenen Ausdruck gleich demjenigen für $\mathfrak{J}_2$ aus Gl. 17, Seite 6, so erhält man, nach Ordnen der reellen und imaginären Glieder, die Beziehung für die primär aufgedrückte Spannung:

$$\mathfrak{V}_1 = \mathfrak{J}_1 \left\{ r_1 + \frac{\omega^2 L_{12}^2 (R_2 + r_2)}{(R_2 + r_2)^2 + (\omega L_2)^2} + j\omega \left( L_1 - \frac{\omega^2 L_{12}^2 L_2}{(R_2 + r_2)^2 + (\omega L_2)^2} \right) \right\} \quad (1)$$

In Gl. 1 haben wir die bekannte Beziehung für den Einfluß eines Sekundärkreises auf die scheinbaren Konstanten des primären Systems. Die Gleichung zeigt, daß ein Sekundärkreis ebenso wirkt, wie wenn man bei offenem Sekundärsystem den Ohmschen Widerstand um $\dfrac{\omega L_{12}^2 (R_2 + r_2)}{(R_2 + r_2)^2 + (\omega L_{12})^2}$ vergrößert und die Induktivität um $\dfrac{\omega^2 L_{12}^2 L_2}{(R_2 + r_2)^2 + (\omega L_2)^2}$ verkleinert hätte. Wir haben also analogen Fall wie in Abschn. 4 und können somit dieselbe Meßanordnung benutzen. Die Kontrollmessung erfolgt dadurch, daß man zunächst zwei gleichgroße Selbstinduktionen in die beiden Differentialzweige

---

[1]) Vgl. u. a.: Max Wien, Ann. d. Physik, Bd. 66, S. 859, 1898; Niebuhr, Diss., Karlsruhe, 1907; Rein, Radiotelegraphisches Praktikum, 2. Aufl., 1913; O. Heinke, Verwertung des Lichtbogenwechselstroms in der Meßtechnik, ETZ, 1907, Heft 38.

einschaltet und dieselben genau aufeinander abgleicht, die Abstimmung des effektiven Widerstandes erfolge mittelst des Schleifkontaktes (siehe S. 20). Die abgeglichene Stellung des Kontaktzeigers wurde bei den Messungen mit Null bezeichnet. Wird nun ein Sekundärkreis mit konstanter Selbstinduktion bei gleichbleibender Periodenzahl mit einer der beiden abgeglichenen Spulen gekoppelt, so kann man die Verschiebung des Schleifkontaktes als Funktion des Widerstands im Sekundärkreis messen. Je mehr Energie der Sekundärkreis aufnimmt, desto mehr Widerstand muß der Selbstinduktion, die nicht mit dem Sekundärsystem gekoppelt ist, vorgeschaltet werden, um eine Abgleichung der Anordnung zu erhalten. Die sekundäre Leistung kann mit einem Amperemeter, das in eine der Stromzuführungen vor der Differentialanordnung eingeschaltet ist, direkt bestimmt werden, da die Hälfte dieser Stromstärke im Quadrat, multipliziert mit dem aus der Nullage verschobenen Widerstand, gleich der an das Sekundärsystem abgegebenen Leistung ist.

## 6. Beseitigung der kapazitiven und induktiven Störungen in der Anordnung.

Um ein Urteil über die induktiven und kapazitiven Störungen der Versuche zu gewinnen und die Maßregeln zu erproben, die zu ihrer Beseitigung angewendet werden mußten, wurden zunächst Vorversuche mit hörbaren Frequenzen vorgenommen. So konnte einfach mit einem Telephon als Indikator gemessen werden. Da dieses Instrument bekanntlich auf alle Störungen empfindlich reagiert und nur bei Beseitigung derselben vollständig tonlos wird, läßt sich mit ihm die Einwandfreiheit der Versuchsanordnung am besten herstellen und kontrollieren. Hierauf erst wurde das Telephon durch die für die Hochfrequenzmessung erforderliche Versuchsanordnung ersetzt und diese abgeglichen.

Als Generator wurde eine 500 periodige Hochfrequenzmaschine verwendet, diese mit einem Kondensator in Resonanz gebracht und der Strom für die Differentialschaltung, in dem die zu vergleichenden Selbstinduktionen eingeschaltet waren, einem Transformator entnommen. Es wurde nun durch Verschiebung des Gleitkontaktes und Veränderung der Selbstinduktionsnormale eine Abgleichung hergestellt. Das Verschwinden des Differentialfeldes war nur bis zu einem gewissen Grade zu bemerken, da der Ton im Hörtelephon nur auf ein Minimum eingestellt werden konnte. Von induktiven Wirkungen der Zuleitungen zum Telephon konnte abgesehen werden, da dieselben bifilar in einer Messingröhre in ca. 2 m Entfernung abseits geführt wurden. Es konnte sich also nur um kapazitive Störungen handeln, was auch leicht dadurch nachzuweisen war, daß bei Berührung der verschiedenen Stellen die Differentialanordnung das Telephon verschieden starke Töne gab. Berührte man eine der beiden Sekundärklemmen des Transformators, so war ein besseres Tonminimum wahrzunehmen. Die Ursachen dieser beiden Tonminima ist in Influenzerscheinungen zu suchen, die einerseits durch einen Verschiebungsstrom von Primär- auf Sekundärkreis und andererseits von den Telephonwindungen zur Metallhülle durch die Hand nach der Erde zustande kommen. Angenommen, die Primärspulen haben das Potential $V_3$, der Sekundärwindungen $V_2$, die Telephonwindungen $V_1$ und der Körper des Beobachters $V_0$. Die Kapazität des Primär- auf Sekundärkreis sei $C_{32}$ und diejenige der Telephonwindungen auf den Körper $C_{10}$[1]). Es fließt also von primär nach sekundär ein Strom $(V_3 - V_2)\omega C_{32}$, dessen Energie zum Teil im Sekundärsystem verbraucht wird und zum Teil als Verschiebungsstrom, $(V_1 - V_0)\omega C_{10}$, durch den Körper zur Erde abfließt. Wird also eine der Sekundärklemmen durch Berührung auf das Potential $V_0$ gebracht, so verschwindet der zweite Verschiebungsstrom und die Größe des ersteren wird $(V_3 - V_0)\omega C_{30}$. Man sollte glauben, daß die Zunahme $(V_3 - V_0)\omega C_{30} - (V_3 - V_2)\omega C_{32}$ das Telephon stärker beeinflussen und nicht wie die Versuche zeigen, ein besseres Minimum bewirken würde. Wenn man aber bedenkt, daß der Körper, somit das Potential $V_0$ direkt an einer Sekundärklemme liegt, so ist auch zu erklären, daß nahezu die ganze kapazitive Strömung durch den Körper des Beobachters abgeleitet wird und nur ein sehr kleiner Betrag in den Telephonwindungen fließt. Es wäre deshalb ungeeignet, das Verschwinden der kapazitiven Störungen durch die Erdung einer der beiden Sekundärklemmen zu bewirken, da dadurch nur die Empfindlichkeit des Nullstromanzeigers herabgesetzt würde. Dagegen wurde zum Halten des Telephons ein Glasrohr benutzt und das Telephon mittels eines Glasrohrs in einer gewissen Entfernung vom Ohr gehalten. Durch Auflegen des Telephons auf einen Holzkasten und Vergrößern der Stromstärke des Primärsystems konnte man selbst in einer Entfernung von 50 cm das Verschwinden des Tones gut vernehmen. Dadurch wurde also ein Mittel geschaffen, den Verschiebungsstrom $(V_1 - V_0)\omega C_{10}$ zu beseitigen. Weit größer aber ist

---

[1]) Es soll die ganze Sekundärspule und Telephonwindungen je als eine Kondensatorbelegung bei obigen Betrachtungen angesehen werden. Diese Annahme darf hier gemacht werden, da es sich nicht um eine streng analytische Aufstellung, sondern nur um eine Deutung der physikalischen Erscheinungen handelt.

der Einfluß des ersten Kapazitätsstroms, die Beseitigung erfolgte dadurch, daß man, wie bereits auf S. 8 bemerkt, das Primärsystem durch zwei Emailledrahthüllen innen und außen abschirmte. Durch Erdung derselben wurde das Potential $V_0$ hergestellt. Trotzdem die beiden Emaillezylinder längs einer Mantellinie aufgeschnitten waren, wurde die Empfindlichkeit des Transformators etwas geringer, was aber mit Rücksicht des gewonnenen Vorteils in Kauf zu nehmen ist. Bei Eisenverlustmessungen ist ein vollständiges Verschwinden des Differentialfeldes nie zu erreichen, da durch Hysterese die Kurvenform des Zweiges, der die Spule mit Eisen enthält, verzerrt ist. Mittelst des Vibrationsgalvanometers kann man die Eisenverluste und wirksame Selbstinduktionen für den Grundstrom und die höheren Harmonischen messen. Durch Herstellung von Resonanz des Indikatorkreises auf die einzelnen Harmonischen mittelst eines der Sekundärspule vorgeschalteten Kondensators läßt sich ebenfalls für weniger genaue Messungen eine Abgleichung erreichen.

Weitere Fehlerquellen werden dadurch hervorgerufen, daß, z. B. bei Vergleich zweier Selbstinduktionen, die Felder der Vergleichsspulen Ströme in den Sekundärwindungen induzierten, so daß ein totales Verschwinden des Differentialfeldes nicht eintritt. Diese Störungen wurden dadurch beseitigt, daß die Spulen so gegen die Lage des Sekundärsystems gestellt wurden, daß der induktive Einfluß ein Minimum wurde. Dadurch, daß man die Entfernung der Spule gegen den Transformator groß genug wählte, wurde diese Fehlerquelle praktisch beseitigt.

Die Vergleichskondensatoren waren durch eine Messinghülle vollständig gegen außen abgeschirmt, die Einstellung erfolgte durch einen Hartgummigriff, der durch ein Zahnradgetriebe eine allmähliche Verstellung der Kapazität gestattete. Die Kondensatoren wurden so in die Anordnung geschaltet, daß die Hüllen, die mit einer der beiden Belegungen verbunden waren, auf der Seite der Erdung lagen.

Besonders störend wirkten die Induktionen der Stromzuführungen, die sich dadurch beseitigen ließen, daß die Litzen in ca. 1 cm Abstand bifilar in einer geerdeten Messingröhre geführt wurden. Der Stoßkreis, der bei den endgültigen Messungen hauptsächlich Anwendung fand, war in einer beträchtlichen Entfernung senkrecht zur Differentialanordnung aufgestellt, konnte somit keine Ursache zu Fehlern ergeben. Experimentell wurde dies dadurch bestätigt, daß bei unterbrochener Zuleitung zur Anordnung, aber bei schwingendem Wienschen Stoßkreis, kein Effekt in der Sekundärspule zu bemerken war. Bei Verwendung der aperiodischen Detektorschaltung war allerdings ein störendes Geräusch wahrzunehmen, doch ist bei den besten Schaltbedingungen des Detektors kein Schweigen des angeschlossenen Hörtelephons in einem Raum, wo intensive Schwingungen erzeugt werden, herzustellen. Das Galvanometer bzw. Hörtelephon konnte deshalb bei dieser Nullstromschaltung nur auf ein Minimum gebracht werden, die Abgleichresultate stimmten aber vollkommen mit den auf anderen Wegen gewonnenen überein.

Der induktive und kapazitive Einfluß der Widerstände, die zum Nachweis des Verlustes in den entsprechenden Differentialzweig eingeschaltet wurden, konnte verschwindend klein angesehen werden, weil nur ganz kurze Manganin- oder Konstantandrähtchen dem Objekt mit kleinerem Verlust vorgeschaltet wurden. Kapazitive Strömungen der Widerstände gegen Erde wurden dadurch verhindert, daß man den Schleifkontakt, somit auch das ganze niederohmige Drähtchen an Erde legte. Es sollen aber doch in folgendem kurz die eventuellen induktiven Wirkungen einer ungleicharmigen Widerstandsverzweigung betrachtet werden, um dadurch ein Urteil zu gewinnen, inwieweit obige Annahmen berechtigt sind. Benutzen wir z. B. die Widerstandsanordnung so, daß in beiden Zweigen die Widerstände $w_1$ bzw. $w_2$ eingeschaltet sind und schreiben denselben gewisse Selbstinduktionen $\Delta L_1$ und $\Delta L_2$ zu, so lautet bei Vergleich zweier Selbstinduktionen $L_1$ bzw. $L_2$ mit den entsprechenden effektiven Widerständen $r_1$ bzw. $r_2$ die Gleichgewichtsbedingung des Differentialsystems:

$$r_1 + w_1 + j\omega(L_1 + \Delta L_1) = r_2 + w_2 + j\omega(L_2 + \Delta L_2) \quad . \quad . \quad (1)$$

daraus folgt

$$r_1 - r_2 = w_2 - w_1 \quad . \quad . \quad . \quad . \quad . \quad . \quad . \quad . \quad (2)$$

Der imaginäre Teil ergibt:

$$L_1 + \Delta L_1 = L_2 + \Delta L_2$$

$$\frac{L_1}{L_2} = 1 + \frac{\Delta L_2 - \Delta L_1}{L_2} \quad . \quad . \quad . \quad . \quad . \quad . \quad (3)$$

Die Gleichung 2 lehrt, daß der Vergleich der Widerstandserhöhung durch induktive Wirkungen der Zuleitungen bei der Differentialmethode nicht beeinflußt wird, wenn die Differentialschaltung vor Einfügung der zu vergleichenden Spulen für sich abgeglichen wurde. Dies dürfte ein wesentlicher Vorzug gegenüber den sonst üblichen Brückenmethoden sein, bei denen der Einfluß der gegenseitigen Induktion zwischen den vier Zweigen nicht in so einfacher Weise eliminiert werden kann. Dies gilt auch für die von Giebe[1]) vorgeschlagene Bifilarbrücke, die noch die Kenntnis der

---

[1]) Siehe Orlich, Kapazität und Induktivität, S. 237.

Kapazitäts- und Selbstinduktionswerte der bifilaren Leitungen erfordert, aber wohl noch nicht zu Messungen kleiner Verluste im Bereich der schnellen Schwingungen der drahtlosen Telegraphie verwendet worden ist. Die Brückenmethode ist auch deshalb ungeeignet, da bei derselben 4 Zweige aufeinander induzieren können und die Symmetrie der Lage bei Anwendung der Schleifen nicht herstellbar ist. Ferner sind für die Brückenabgleichung drei Bedingungen statt zwei zu erfüllen, und die Schirmung des Detektorzweiges ist äußerst schwierig. Die Gleichung 3 sagt, daß man die Differenz $\Delta L_2 - \Delta L_1$ gegen den Selbstinduktionswert der zu untersuchenden Spule klein zu halten hat. Praktisch ist diese Forderung durch die Verwendung sehr kurzer Widerstandsdrähtchen berücksichtigt. Da die Einstellungen mittels Bindfadens in einer Entfernung von ca. 2 m erfolgen konnten, so sind auch kapazitive Einflüsse der einzelnen Teile gegen Körper des Beobachters beseitigt. Verschiebungsströme zwischen Schleifkontakt und Kondensator sind deshalb ausgeschlossen, weil Kondensatorhülle und Schleifkontakt praktisch dasselbe Potential (Erde) hatten.

Wie unsere Versuche gezeigt haben, ist die Messung kleinerer Verluste nach der Differentialmethode auch unter Anwendung gedämpfter Schwingungen einwandfrei ausführbar. Bei Herstellung der Abgleichungen für die Widerstände einerseits und der Selbstinduktionen bzw. Kapazitäten andererseits erzeugen die beiden Differentialwicklungen gleichgroße Felder, die nach der gleichen Zeitfunktion abklingen und sich deshalb in jedem Moment aufheben. Eine Ausnahme liegt natürlich bei Materialien vor, deren Eigenschaften selbst von Strom oder Spannung abhängig sind, aber auch hier ergibt sich durch Messung der wirksame Wert der betreffenden Größe nach der üblichen Definition.

## 7. Die Nullstromschaltungen.

Nachdem die hauptsächlichen Anwendungen der Differentialmethode behandelt worden sind, wollen wir die verwendeten Indikatorsysteme für den Nullstrom, der in der Sekundärspule des Differentialtransformators erzeugt wird, beschreiben. Hat man es nur mit Periodenzahlen bis ca. 5000 zu tun, so genügt in den meisten Fällen das Hörtelephon. In den angeführten Fällen ist statt dessen das Vibrationsgalvanometer am Platze. Gehen wir aber zu Frequenzen im Bereich der schnellen Schwingungen der drahtlosen Telegraphie über, so werden z. B. in einem direkt angelegten Telephon wohl Töne hörbar sein. Diese werden aber nicht durch die Frequenzen der benutzten Schwingungen, sondern durch Störungen erzeugt. Da die Eigenschwingungszahl des Vibrationsgalvanometers ebenfalls nicht auf schnelle Schwingungen einzustellen ist, so kamen im wesentlichen nur

a) die Thermokreuzbrücke,
b) die aperiodische Detektorschaltung bzw. Resonanzkreisanordnung und
c) die Baretteranordnung

in Betracht. Die unter b) und c) angegebenen Anordnungen und die bei ungedämpften Schwingungen verwendeten Tikkerschaltungen sind bekannte Systeme und sollen in folgendem nur des Zusammenhanges wegen kurz berührt werden. Die Thermokreuzbrücke wurde besonders bei vorliegender Methode ausgebildet und soll deshalb hier genauer behandelt werden.

**a) Die Thermokreuzbrücke**

beruht auf der Superposition zweier Ströme in zwei benachbarten Zweigen einer Brückenanordnung. Das Prinzip, allerdings nur zur Herstellung von Wattmetern und unter Verwendung getrennter Heizkörper und Thermoelemente, ist anscheinend zuerst von Duddell[1]) angegeben worden.

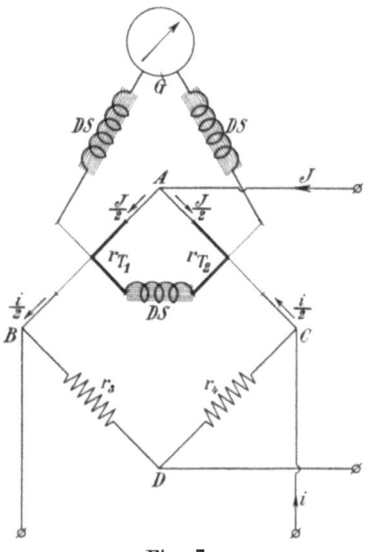

Fig. 7.

Die vorliegende Anordnung des Prinzips ist von Herrn Prof. Dr. H. Hausrath angegeben worden.

Man denke sich nun in der Brückenanordnung der Fig. 7[2]) in dem einen Zweigpaar zwei gleiche Thermokreuze. Die schwachen Linien sollen Manganin-, die starken Konstantandrähtchen darstellen. Die Brücke sei so ausgeglichen, daß die Widerstände $r$ aller Zweige gleichgroß sind und weder induktive noch kapazitive Wirkungen aufweisen. Die Thermoelemente seien so konstruiert, daß dieselbe Temperaturzunahme an den Lötstellen der beiden Elemente

---

[1]) Duddell, Brit. Patentschrift 1904.
[2]) Isakow (Physikal. Zeitschr., 15. Dez. 1912) hat obiges Schaltschema für Resonanzmessungen angedeutet. Sein Schaltbild weist einen Fehler auf, der in obiger Figur verbessert ist.

genau gleichgroße elektromotorische Kräfte hervorruft. Legt man nun an $AD$ eine Wechselstromquelle, die den Strom $J_{eff}$ liefert, und fließt durch die Klemmen $BC$ ein gleichperiodischer und gleichphasiger Strom $i_{eff}$, der „Nullstrom", der Brücke zu, so ist die momentane Stromstärke im Zweige $AB$

$$\frac{J}{2}+\frac{i}{2}$$

und in $AC$

$$\frac{J}{2}-\frac{i}{2},$$

worin $J$ und $i$ die Momentanwerte bedeuten. Die erzeugte Stromwärme in dem Zweige $AB$ ist

$$q_{AB}=\frac{1}{4189}\left(\frac{J+i}{2}\right)^2 \cdot r \text{ Cal/sek} \quad \ldots \ldots \quad (1)$$

und in $AC$

$$q_{AC}=\frac{1}{4189}\left(\frac{J-i}{2}\right)^2 \cdot r \text{ Cal/sek} \quad \ldots \ldots \quad (2)$$

$q_{AB}$ und $q_{AC}$ bewirken in den senkrecht zu den Brückenzweigen liegenden Thermoelementen elektromotorische Kräfte, die die entsprechenden Ströme $y_1$ und $y_2$ hervorrufen. Diese Elemente sind durch eine Drosselspule $DS$, die den hochfrequenten Strömen den Weg versperrt, einander entgegengeschaltet. Durch das Galvanometer $C$ fließt somit der Gleichstrom

$$y=y_1-y_2 \quad \ldots \ldots \ldots \ldots \quad (3)$$

Die Ausdrücke für die Teilströme lauten:

$$\left.\begin{array}{l} y_1 = k \cdot r \left(\dfrac{J+i}{2}\right)^2 \\[2mm] y_2 = k \cdot r \left(\dfrac{J-i}{2}\right)^2 \end{array}\right\} \quad \ldots \ldots \ldots \quad (4)$$

worin $k$ für ein bestimmtes Thermoelement als eine Konstante aufgefaßt werden kann. Der Galvanometerstrom ist also in einem beliebigen Augenblick

$$y = 2 \cdot k \cdot r \cdot J \cdot i = k' \cdot J \cdot i \quad \ldots \ldots \ldots \quad (5)$$

Ist der Hauptstrom $J$ konstant, so geht die Gleichung 5 über in

$$y = \text{konst.} \cdot i \quad \ldots \ldots \ldots \ldots \quad (6)$$

Gleichung 6 lehrt, daß bei konstantem Strom $J$ der Galvanometerstrom $y$, somit auch der Galvanometerausschlag, linear mit dem Nullstrom $i$ zunimmt. Wir haben also eine Anordnung, die bei geeignetem Hauptstrom $J$ das Entstehen des kleinsten Nullstromes $i$ noch anzeigt, was gegenüber den Methoden, bei denen der Ausschlag des Galvanometers mit dem Quadrat der Stromstärke wächst, gerade bei sehr kleinen Nullströmen ein nicht zu unterschätzender Vorteil ist. Bringt man die Thermokreuze noch in ein Vakuum oder verwendet man Thermosäulen statt der einfachen Thermoelemente, so kann die Empfindlichkeit der Anordnung noch bedeutend gesteigert werden. Trotzdem die bei vorliegender Arbeit verwendeten Thermokreuze sich nicht im Vakuum befanden und nur durch eine gemeinsame Messinghülse gegen Luftströmungen abgeschirmt wurden, waren die geringsten Ströme gut nachzuweisen.

Bisher haben wir angenommen, daß die Brücke vollständig symmetrisch durch rein Ohmsche Widerstände abgeglichen ist und daß die Thermoelemente genau gleich empfindlich sind, so daß äußere Temperatureinflüsse das Gleichgewicht nicht stören können. Es ist nun von Interesse, ein Urteil zu gewinnen, in wie weiten Grenzen die Thermobrücke zuverlässig arbeitet und einstellbar ist, wenn diese Voraussetzung nicht erfüllt ist. Wir schreiben deshalb den Thermokreuzen jetzt ungleiche Ausführung zu, so daß sowohl ihre Empfindlichkeiten als auch die Ohmschen Widerstände verschieden sind. Dann ist statt (4) zu schreiben:

$$\left.\begin{array}{l} y_1 = k_1\, r_{T_1} \left(\dfrac{J_1 + i_1}{2}\right)^2 \\ y_2 = k_2\, r_{T_2} \left(\dfrac{J_2 - i_2}{2}\right)^2 \end{array}\right\} \quad \ldots \ldots (7)$$

Für $i = 0$, d. h. wenn in der Sekundärspule kein Strom induziert wird, soll dann $y_1 = y_2$ sein. Man muß also z. B. $r_3$ und $r_4$ so abgleichen, daß

$$\left(\frac{J_1}{J_2}\right)^2 = \frac{k_2\, r_{T_2}}{k_1\, r_{T_1}} \quad \ldots \ldots (8)$$

Diese Bedingung widerspricht zwar der Wheatstoneschen. Aus dem Superpositionsprinzip folgt aber ohne weiteres, daß ein dem Strom $i$ proportionaler Ausschlag entsteht, wenn $r_3$ und $r_4$ bei an $BC$ angeschalteter Sekundärspule, aber bei Stromlosigkeit der Differentialspulen so abgeglichen wird, daß das Galvanometer keinen Ausschlag gibt.

Wir sehen also, daß genau gleiche Thermoelemente nicht unbedingt nötig sind und dadurch keine praktischen Schwierigkeiten in Frage treten können, trotzdem es ganz gut möglich ist, annähernd gleiche Peltierkreuze herzustellen, wenn geeignete Vorrichtungen dazu getroffen werden. Um eine feine Lötstelle zu erhalten, schickte der Verfasser durch das Thermokreuz, das in Wasserstoffgas gebracht wurde, rasch einen Strom. Doch trotz der sorgfältigsten Handhabung war es nicht möglich, auf das erste Mal gute Resultate zu erhalten. Schließlich wurde auf die Berührungsstelle der Manganin- und Konstantandrähtchen ein kleines Teilchen aus Lötmasse gebracht und durch rasches elektrisches Heizen eines in unmittelbarer Nähe befindlichen Platinbügels feine Verkettungspunkte erhalten. Die Länge von der Lötstelle nach dem Ende der Drähtchen war 3 mm, der Durchmesser 0,023 mm. Die Stromzuführungen erfolgten durch senkrecht zur Thermokreuzebene auf die Enden der Drähtchen aufgelötete Kupferstäbchen, die zu Anschlußklemmen führten.

Machen wir nun weiter die Annahme, daß Hauptstrom und Nullstrom nicht in Phase sind, so lauten die Stromgleichungen für Sinusform:

$$\left.\begin{array}{l} J = J_{max} \sin \omega t \\ i = i_{max} \sin (\omega t + \psi) \end{array}\right\} \quad \ldots \ldots \quad (9)$$

In einem beliebigen Augenblick gilt für den Galvanometerstrom

$$y = k' \cdot J_{max} \sin \omega t \cdot i_{max} \sin (\omega t + \psi) \quad \ldots \quad (10)$$

Für den Mittelwert ergibt sich also

$$y_{mittel} = k' \cdot \frac{1}{T} \int_0^T J_{max} \cdot i_{max} \sin\left(\frac{2\pi}{T} t + \psi\right) \sin\left(\frac{2\pi}{T} t\right) dt \quad (11)$$

Durch Integration erhält man:

$$y_{mittel} = k' \cdot J_{eff} \cdot i_{eff} \cdot \cos \psi \quad \ldots \ldots \quad (13)$$

Die letzte Gleichung zeigt, daß bei konstantem Hauptstrom $J_{eff}$ der Galvanometerstrom, somit auch der Galvanometerdurchschlag proportional dem Produkt von Effektivwert des Nullstroms, Effektivwert des Hauptstroms und Kosinus des Winkels, den der Hauptstrom mit dem Nullstrom bildet.

Die Phasenverschiebung des Nullstroms gegen den Hauptstrom hängt nun davon ab, in welcher Weise die Einstellung der Selbstinduktion bzw. Kapazität und des Widerstands von der exakten Abgleichung abweicht. Maßgebend hierfür ist der Differenzstrom, der durch Superposition der beiden Differentialströme entstehend und den Nullstrom induzierend zu denken ist. Seine Phase ergibt sich durch Betrachtung der Fig. 8a und 8b. Hierin stellt $\overline{AB}$ die Watt- und $\overline{AC}$ die wattlose Komponente dar. $\overline{BC}$ ist somit der Vektor des resultierenden Stroms. Angenommen für die Fig. 8a seien die Widerstände genau aufeinander abgeglichen, dagegen die Stromphasen der beiden Differentialzweige etwas ungleich. Wir haben deshalb in der Figur die wattlose Komponente um das Stück $\overline{AA'}$ zu verlängern bzw. zu verkürzen. $\overline{BB'}$ stellt dann die Stromdifferenz der resultierenden Stromstärke dar. $\overline{AA'}$ ist für die praktisch vorkommenden Fälle parallel $BB'$, da die Reaktanz im Vergleich zur Resistanz immer sehr groß ist. Machen wir andrerseits die Annahme, daß die Selbstinduktionen bzw. Kapazitäten der Differentialzweige genau gleich sind, dagegen die Widerstandsabgleichung nicht vollkommen hergestellt, so geht das Stromdreieck der Fig. 8 b über in $AB'C$. Wir erkennen aus den Diagrammen, daß in beiden Fällen Ströme in der Sekundärspule induziert werden, die praktisch 90 Grad gegeneinander verschoben sind. Man kann also durch geeignete Wahl der Hauptstromphase eine Abgleichung so erhalten, daß das Indikatorinstrument der Thermobrücke entweder nur auf die Amplituden bzw. Phasenabgleichung reagiert. Dies ist ein nicht zu unterschätzender Vorteil für die Messung kleiner dielektrischer Verluste.

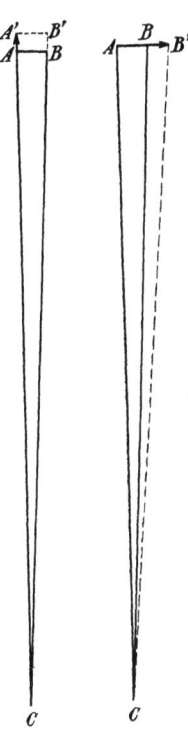

Fig. 8a.   Fig. 8b.

Seibt[1]) und Nesper[2]) haben vor einiger Zeit eine, der vorliegenden Differentialanordnung entsprechende Schaltung angegeben. Der prinzipielle Unterschied liegt darin, daß bei dieser Methode zwei Schwingungskreise derselben Wellenlänge gleichzeitig erregt werden und auf denselben Detektor mit entgegengesetzter und gleichstarker Amplitude einwirken. Diese Methode ist komplizierter und wegen der Unsymmetrie der Anordnung den eingangs genannten Störungen unterworfen. Dieser Umstand sowie die Nichtanwendung einer Indikatoranordnung mit linearer Abhängigkeit vom Nullstrom ist jedenfalls die Ursache, daß es Seibt nicht gelang, mit dieser Anordnung Dekremente zu messen.

### b) Die aperiodische Detektoranordnung

besteht aus einem zur Sekundärspule des Differentialtransformators parallel geschalteten Stromkreis, in dem ein Kontaktdetektor $Ko$ und ein Blockkondensator $BC$ hintereinander geschaltet sind (Fig. $9_{III}$).

---

[1]) Seibt, Z. f. Schwachstromtechnik, Heft 24, 1911.
[2]) Nesper, Die Frequenzmesser und Dämpfungsmesser der Strahlentelegraphie, 1907.

34  Die Nullstromschaltungen.

An den Klemmen des Blockkondensators, dessen Kapazität etwa zu 13 000 cm (für Hochfrequenz also ein Kurzschluß) zu wählen ist,

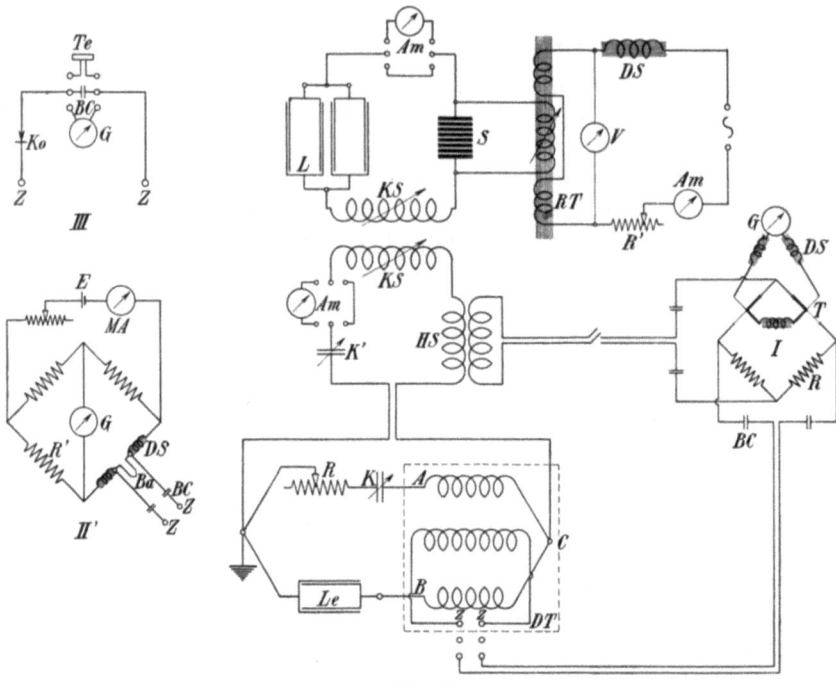

Fig. 9.

*I* = Thermokreuzbrücke.
*II* = Baretterschaltung.
*III* = Aperiodische Detektorschaltung.
*A* = Anschlußklemme des Differentialtransformators.
*Am* = Amperemeter.
*B* = Anschlußklemme des Differentialtransformators.
*Ba* = Baretter.
*BC* = Blockkondensator.
*C* = Anschlußklemme des Differentialtransformators.
*DS* = Drosselspule.
*DT* = Differentialtransformator.
*E* = Element (Akkumulator).
*G* = Galvanometer.

*HT* = Hauptstromtransformator.
*K, K'* = Variable Luftkondensatoren.
*Ko* = Kontaktdetektor (Gleichrichter).
*KS* = Variable Kopplungsspule.
*Le* = Leydenerflasche.
*MA* = Milliamperemeter.
*R* = Induktions- und kapazitätsfreier Widerstand.
*R'* = Widerstand (kann Kapazität u. Selbstinduktion besitzen).
*S* = Stoßfunkenstrecke.
*T* = Thermokreuz.
*Te* = Hörtelephon.
*V* = Voltmeter.
*Z-Z* = Anschlußklemmen des Differentialtransformators.

wird der gleichgerichtete Strom durch ein Galvanometer oder Hörtelephon abgenommen.

Die Resonanzkreisschaltung besteht darin, daß in die eben beschriebene Anordnung ein variabler Kondensator eingereiht ist. In diesem Falle hat man den Sekundärkreis immer auf das primäre Differentialsystem abzustimmen.

### c) Die Baretteranordnung

ist in Fig. $9_{II}$ dargestellt. Bei dieser Schaltung wird die Widerstandsänderung sehr dünner Drähte (der Verfasser verwendet Platindrähte, deren Durchmesser 0,004 mm war), nutzbar gemacht, die durch die Stromwärme des Hochfrequenzstroms entsteht. Bei Abgleichung einer Brücke, die den Baretterwiderstand in einem Zug enthält, fließt infolge dieser Widerstandsänderung über das Galvanometer ein Gleichstrom. Der Ausschlag ist für kleine Ströme der Widerstandsänderung des Platindrähtchens proportional, nimmt also mit dem Quadrat des Nullstroms des Differentialtransformators zu. Die empfindlichste Anordnung ergab sich durch Versuche bei einer Baretterstromstärke von 5 Milliampères. Dabei war in jedem Brückenzweig 111,5 Ohm eingeschaltet. Die beiden Blockkondensatoren $BC$ der Fig. $9_{II}$ versperren dem Gleichstrom den Weg zur Sekundärspule des Differentialtransformators, die Drosselspulen $DS$ beschränken den Hochfrequenzstrom auf den Baretter.

Bevor der Verfasser die Thermobrücke näher studierte, wurde eine analoge Anordnung, mit zwei Barettern ausprobiert. Doch für die Messungen kleiner Verluste, wie sie hier vorliegen, ist eine solche Baretterkombination wenig anzuraten, da sich infolge des Temperaturkoeffizienten der Platindrähte der Gleichgewichtspunkt der Brücke mit den Schwankungen des Hilfsstroms andauernd verschiebt. Diesen Fehler durch Herstellung genau gleicher Baretter zu beheben, ist nicht gelungen. Unter 12 Barettersätzen konnte der Verfasser einmal durch reinen Zufall 2 Baretter erhalten, von denen, bei einem Strom von 4,5 Milliampères, der eine einen Widerstand von 132 Ohm, der andere 131,4 Ohm hatte, doch die geringste Überlastung beeinflußte diese annähernde Gleichheit so, daß schon nach der ersten Versuchsreihe, für denselben Strom, der Widerstand des einen 134,5 Ohm und derjenige des andern 152,5 war. Man könnte allerdings den Gleichgewichtspunkt der Brücke durch Ausschalten des Haupt- und Nullstromkreises immer prüfen, wie es auch durchweg bei allen Versuchen gemacht wurde, doch sind trotz der besten Abschirmvorrichtungen gegen äußere Temperatureinflüsse die Ausschläge des Galvanometers zu unruhig, so daß für vorliegende Fälle keine genaue Nullstrommessungen ausgeführt werden könnten. Benutzt man die zu Anfang von Abschnitt 7d besprochene Bolometeranordnung (Fig. $9_{II}$) mit nur einem Baretter in der Brücke, so spielt natürlich die Verschiebung des Abgleichpunkts keine Rolle, da der Ausschlag nicht mehr von der einen Seite über den Abgleichpunkt nach der andern Seite erfolgt, sondern das Verschwinden des Differentialfeldes, einem Umkehrpunkt des Lichtzeigers entspricht. Trotz der geeignetsten Barettersätze war jedoch die Empfindlichkeit dieser dem quadratischen Gesetz folgenden Bolometeranordnung der Thermokreuzbrücke bei weiten unterlegen, was durch die nachfolgenden Messungen bestätigt wird.

Praktischer Teil.
# Anwendung der Differentialmethode.

### 8. Die Versuchsanordnung.

In Fig. 9 sind die verwendeten Schaltanordnungen schematisch zusammengestellt. In dem einen Differentialzweig ist als Versuchsobjekt eine Leydenerflasche $Le$ eingeschaltet, in dem andern befindet sich ein variabler Luftkondensator $K$ in Serie mit einem veränderlichen rein Ohmschen Widerstand. $A$, $B$ und $C$ sind die primären, $Z-Z$ die sekundären Anschlußklemmen des Differentialtransformators. Als Generator der Hochfrequenzschwingungen wurde der Wiensche Stoßkreis verwendet, bei dem bekanntlich die Schwingungen im Primärkreis immer in dem Augenblicke aussetzen, wo die Amplitude des Sekundärkreises den Maximalwert erreichen, so daß die übersendete Energie sehr schwach gedämpft auspendeln kann. Der Sekundärkreis enthielt die Differentialanordnung. Die reine Stoßerregung wurde daran erkannt, daß die Funkenstrecke einen schönen klaren Ton ergab und durch Variation der Kopplung der beiden Spulen $KS$, der Funkenstreckenzahl $S$, der Kraftlinienverkettung der primären und sekundären Resonanzinduktorspulen und Veränderung der Gleichstromerregung des verwendeten 500 periodischen Hochfrequenzgenerators hergestellt. Gegenüber den durch Lichtbogengeneratoren erzeugten Schwingungen haben die so erregten den Vorteil, daß sie durchaus konstante Wellenlänge und Amplitude auch bei relativ kleiner Wellenlänge besitzen. Die Amperemeter, die im Stoßkreis und im Differentialsystem liegen, wurden gewöhnlich während den Messungen ausgeschaltet, so daß die Energie im Meßkreis nur sehr langsam abklingen konnte. Nur bei Messungen, wo es von Interesse war, den Strom im angestoßenen Kreis zu kennen (bei dielektrischen und Eisenverlustmessungen), blieben dieselben auch während des endgültigen Versuchs eingeschaltet. Die im Hauptzweig des Differentialsystems befindliche veränderliche Kapazität $K'$

wird nur für die Messung mit der Thermobrücke benutzt, um zu verhindern, daß sich bei der Einstellung des variabeln Kondensators in einem Differentialzweig die Stromamplitude und hierdurch auch die Stärke des Hilfsstroms in der Thermobrücke verändert. Beim Vergleich von Selbstinduktionen ist an Stelle von $K'$ eine entsprechend größere Selbstinduktion einzuführen. Die Blockkondensatoren $BC$ der Diagonalzweige der Thermobrücke (Fig. $9_I$) dienen nur zur Einstellung der Thermoanordnung, da bei unabgeglichener Brücke der größte Betrag des Gleichstroms über die verhältnismäßig niederohmigen Sekundärspulen des Hauptstrom- und Differentialtransformators fließen würde und eine Einstellung ohne diese Hilfsmittel nahezu unmöglich ist, da das Galvanometer bei unabgeglichener Anordnung zu große Ströme aufnimmt. Dieser Fall trifft z. B. zu, wenn die Brücke bei offenem Nullstromkreis nur scheinbar abgestimmt ist, dadurch daß die Thermoelemente dem Galvanometer Ströme zuführen, die den Ausschlag Null im Gleichgewicht halten. Schaltet man nun den Nullstromkreis ohne Blockkondensatoren ein, so wird bei einer solchen vorgetäuschten Brückenabgleichung der Ausschlag des Galvanometers in der Regel über die Skala hinausgehen. Da die Kapazität der $BC$ je zu 1 $MF$ gewählt wurde, so durften dieselben, da symmetrisch angeordnet, auch bei den Messungen eingeschaltet bleiben. Um die Nullpunkte der abgeglichenen Thermobrücke beständig prüfen zu können, wurden in die Zuleitungen je zwei doppelpolige Schalter gelegt. Die Zuleitungen wurden in geerdeten Messingröhren in 1 cm Abstand bifilar zur Indikatoranordnung geführt. In dem Schaltbild der Fig. 9 mußte auf die Darstellung der richtigen Lage des Differentialsystems zur Thermobrücke einer besseren schematischen Darstellung zugunsten verzichtet werden. Bei den Anordnungen Fig. $9_{II}$ und $9_{III}$ fällt der Hauptstromtransformator $HT$ weg und die eingezeichneten Klemmen $Z-Z$ sind mit den Sekundärklemmen $Z-Z$ des Differentialtransformators zu verbinden.

## 9. Messungen.

Bevor wir zu den Messungen kleiner Verluste übergehen, sollen einige Versuchsdaten aus dem Bereich der Niederfrequenz angeführt werden, da es von Interesse sein dürfte, die Brauchbarkeit des Differentialsystems bei allen Frequenzen zu studieren. Die Beispiele wurden so gewählt, daß die Resultate zugleich Bedeutung für die Untersuchung im Hochfrequenzsystem hatten.

Es war zunächst von Wichtigkeit, die Empfindlichkeitscharakteristik der Thermobrücke aufzustellen. Unsere Aufgabe ist also, experimentell festzustellen, in welcher Weise bei einem konstanten Nullstrom des Differentialtransformators und verschiedenem Hauptstrom $J$ das Galvanometer der Brücke anspricht und welchen Einfluß die Phasenverschiebung $\psi$ des Stromes $J$ gegen $i$ auf dasselbe hat. Die Anordnung wurde so getroffen, daß die Primärspule eines Transformators mit dem Übersetzungsverhältnis 1:10 durch einen Regulierwiderstand hindurch an eine Wechselspannung von 120 Volt und 50 Perioden gelegt wurde. Die Sekundärspule wurde an die Differentialschaltung angelegt; als Differentialtransformator fand der auf S. 8 beschriebene mit dem Übersetzungsverhältnis 1:1 Verwendung. In den beiden Parallelzweigen wurden zwei Selbstinduktionen aufeinander abgeglichen. Der Hauptstrom $J$ wurde einem Phasenschieber entnommen, dessen Primärkreis durch einen Regulierwiderstand hindurch an die 120 Volt-Klemmen angeschlossen war. Bei den Versuchsreihen der Tabellen 1 und 2 wurde ein sehr kleiner Nullstrom $i$ konstant gehalten. Der Ausschlag $\alpha$ des Galvanometers wurde in Abhängigkeit des Hauptstromes $J$, bei konstantem $\cos\psi$, aufgenommen. Der Strom $J$ wurde an die Klemmen $A-D$ und $i$ an $B-C$ gelegt (Fig. 7). Der Strom $J_d$, der dem Differentialsystem zugeführt wurde, war während den beiden Versuchsreihen konstant.

Tabelle 1.

| Hauptstrom $J_{eff}$ in Amperes | Galvanometer-ausschlag $\alpha$ in mm | $\dfrac{\alpha}{J_{eff}}$ | Konstante Größen |
|---|---|---|---|
| 0,04 | 12,0 | 300 | $i_{eff} =$ konst. |
| 0,06 | 17,5 | 292 | |
| 0,08 | 24,0 | 300 | $J_{d\,eff} =$ 1,5 Amp. |
| 0,10 | 29,5 | 295 | $r_3 =$ 36,4 Amp. |
| 0,12 | 36,5 | 304 | $r_4 =$ 36,7 Amp. |
| 0,14 | 42,5 | 304 | |
| 0,16 | 49,0 | 306 | $\psi = 0°$ |
| 0,18 | 54,0 | 300 | |
| 0,20 | 59,5 | 297 | $c =$ 50 Perioden |
| 0,22 | 67,5 | 306 | |
| 0,25 | 75,0 | 300 | |

Die Tabellen 1 und 2 lehren, daß die Ausschläge des Galvanometers linear mit dem Strom $J$ zunehmen, und es ist somit zugleich das Proportionalitätsgesetz der Thermobrücke experimentell bestätigt. Die Versuchsreihe der Tabelle 1 genügt im Mittel der Gleichung:

$$\alpha = 300 \cdot J_{eff},$$

Tabelle 2.

| Hauptstrom $J_{eff}$ in Amperes | Galvanometer- ausschlag $\alpha$ in mm | $\dfrac{\alpha}{J_{eff}}$ | Konstante Größen |
|---|---|---|---|
| 0,04 | 10,5 | 263 | $i_{eff}=$ konst. |
| 0,06 | 16,0 | 267 | $J_{a\,eff}=1,5$ Amp. |
| 0,08 | 21,0 | 263 | |
| 0,10 | 26,5 | 265 | $r_3=36,4\,\Omega$ |
| 0,12 | 32,0 | 267 | $r_4=36,7\,\Omega$ |
| 0,14 | 38,0 | 271 | |
| 0,16 | 42,5 | 265 | $\psi=25°$ |
| 0,18 | 47,5 | 264 | |
| 0,20 | 52,0 | 260 | $c=50$ Perioden |
| 0,22 | 58,5 | 266 | |
| 0,25 | 66,0 | 264 | |

und diejenige der Tabelle 2:

$$\alpha=265\cdot J_{eff}.$$

Da beide Versuchsreihen unter ganz gleichen Bedingungen ausgeführt wurden, so wird $\cos\psi=\dfrac{265}{300}=0,8825$, was einem Winkel $\varphi=28°\,3'\,20''$ entspricht. Dieser Wert stimmt nicht ganz genau mit dem am Phasenschieber[1]) abgelesenen Winkel $\psi$ überein, doch darf auf allzu große Genauigkeit dieser Versuche kein Anspruch erhoben werden, da das Konstanthalten der verschiedenen Größen die Messung auf zwei Tage ausdehnte und so der Faktor $k'$ der Gleichung 5 (S. 30) und Gleichung 13 (S. 32) sich verändern konnte. Die Versuche zeigten, daß die geringste Überlastung ebenfalls die Konstante der Anordnung beeinflussen kann. Verfolgen wir die Tabellen näher, so erkennen wir, daß für kleine Ausschläge, selbst bei einer Phasenverschiebung $\psi=25°$, die Empfindlichkeit der Anordnung kaum beeinträchtigt wird, so daß bei rein sinusförmigem Strome ungefähre Phasengleichheit des Haupt- und Nullstromes genügt. Da im Bereich der verwendeten Stromstärken ($J$) die Empfindlichkeit proportional mit $J$ zunimmt, wurde bei den folgenden Messungen der Hauptstrom nach Möglichkeit groß gehalten.

In Tabelle 3 sind die Selbstinduktionswerte des Differentialtransformators angegeben. Der Wechselstrom wurde in diesem Falle

---

[1]) Die $\psi$-Skala am Phasenschieber ist ebenfalls ungenau, so daß die Abweichung des aus den Messungen erhaltenen Winkels zum Teil auch auf diese Fehlerquelle zurückzuführen ist. Für ganz genaue Messungen hätte man $\psi$ mit Amp.-Volt-Wattmeter messen müssen.

einem 500 periodigen Generator entnommen. Bei abgeglichener Anordnung war die Stromstärke in jedem Zweige 0,25 Ampere. $\Delta L$ stellt eine kleine Veränderung einer der beiden Selbstinduktionen der Differentialzweige aus der Abgleichlage dar. Die Selbstinduktionswerte haben in guter Annäherung auch für die Frequenzen der drahtlosen Telegraphie Gültigkeit, da die Verkleinerung derselben bei den verwendeten ideal verdrillten Litzen sehr gering ist.

Tabelle 3.

| Verwendete Spulen | Selbstinduktion $L$ in Henry | $\Delta L$ in Henry | Ausschlag $\alpha$ in mm | Konstante Größen |
|---|---|---|---|---|
| Erste Primärspule des Differentialtransformators | $8,75 \cdot 10^{-6}$ | $0,625 \cdot 10^{-6}$ | 11,5 | $J_{a\,eff} = 0,5$ Amp. $J_{eff} = 0,2$ Amp. $r_3 = 36,4\,\Omega$ |
| Zweite Primärspule des Differentialtransformators | $8,75 \cdot 10^{-6}$ | $0,625 \cdot 10^{-6}$ | 11,5 | $r_4 = 36,7\,\Omega$ $\psi \infty\, 0^0$ $c = 500$ Period. |
| Sekundärspule des Differentialtransformators . . . | $11,75 \cdot 10^{-6}$ | $0,935 \cdot 10^{-6}$ | 13,0 | |

Die Abhängigkeit des effektiven Widerstandes von der Periodenzahl im Bereich der Frequenzen der Dynamomaschinen für Zwecke der drahtlosen Telegraphie soll hier nicht besonders angeführt werden, da derartige Messungen bereits zahlreich in der Literatur veröffentlicht sind. Es sei hier nur bemerkt, daß die in den Handel kommenden Emailledrahtlitzen ($180 \cdot 0,12\, \Phi$ mm und $50 \cdot 0,2\, \Phi$ mm) im Bereich der Periodenzahlen 400 bis 2000 dieselbe Widerstandserhöhung wie die gewöhnlichen Massivkupferdrähte zeigen.

In folgendem ist das Gesetz der maximalen Energieabgabe eines Lufttransformators experimentell untersucht. Es wurde bei 650 Perioden eine Selbstinduktionsspule von 90 mm mittlerem Wicklungsdurchmesser mittels einer veränderlichen Selbstinduktionsnormale abgeglichen; dabei ergab sich die Selbstinduktion der Spule zu $22,4 \cdot 10^{-5}$ Henry. Über diese Spule konnte eine Sekundärwicklung geschoben werden, deren Selbstinduktionskoeffizient $29,6 \cdot 10^{-5}$ Henry und effektiver Widerstand $r = 0,04$ Ohm war. Die Messungen wurden mittels eines Telephons ausgeführt. In Tabelle 4 sind die aufgenommenen Werte dieser Versuchsreihe zusammengestellt.

## Messungen.

### Tabelle 4.

| Gesamtwiderstand des Sekundärkreises $(R_2+r_2)$ in $\Omega$ | Scheinbare Widerstandserhöhung der Primärspule $\Delta r_1 = \dfrac{\omega^2 L_{12}^2 (R_2+r_2)}{(R_2+r_2)^2 + (\omega L_2)^2}$ | | Scheinbare Selbstinduktion der Primärspule $L_1 = \dfrac{\omega^2 L_{12}^2 L_2}{(R_2+r_2)^2+(\omega L_2)^2}$ in Henry | An das Sekundärsystem abgegebene Leistung $\left(\dfrac{J_{deff}}{2}\right)^2 \cdot \Delta r_1$ in Watt | Konstante Größen |
|---|---|---|---|---|---|
| | Länge d. vorgeschalteten Konstantandrähtchens in mm | $\Omega$ | | | |
| 0    | 0    | 0      | $22{,}40\cdot 10^{-5}$ | 0       | $J_{deff} = 1$ Amp. |
| 0,04 | 14   | 0,055  | $19{,}80\cdot 10^{-5}$ | 0,01375 | $L_2 = 29{,}6\cdot 10^{-5}$ |
| 0,45 | 17   | 0,0668 | $20{,}50\cdot 10^{-5}$ | 0,0167  | Henry |
| 1    | 19   | 0,0746 | $21{,}00\cdot 10^{-5}$ | 0,0187  | $r_2 = 0{,}04\,\Omega$ |
| 2    | 17,5 | 0,0686 | $21{,}60\cdot 10^{-5}$ | 0,01715 | $c = 650$ Period. |
| 3    | 13   | 0,0511 | $22{,}00\cdot 10^{-5}$ | 0,01279 | $\omega L_2 = 1{,}209\,\Omega$ |
| 4    | 10   | 0,0393 | $22{,}20\cdot 10^{-5}$ | 0,009825 | 1 mm Konstantandraht $= 0{,}00393\,\Omega$ |
| 6    | 8    | 0,0314 | $22{,}25\cdot 10^{-5}$ | 0,00785 | |
| 8    | 7    | 0,0275 | $22{,}38\cdot 10^{-5}$ | 0,006875 | |
| 9    | 6,5  | 0,0255 | $22{,}40\cdot 10^{-5}$ | 0,006375 | |
| 10   | 6,5  | 0,0255 | $22{,}40\cdot 10^{-5}$ | 0,006375 | |
| 11   | 6    | 0,0236 | $22{,}40\cdot 10^{-5}$ | 0,0059  | |
| 13   | 5,5  | 0,0216 | $22{,}40\cdot 10^{-5}$ | 0,0054  | |
| 15   | 5,5  | 0,0216 | $22{,}40\cdot 10^{-5}$ | 0,0054  | |

In Fig. 10 ist die Widerstandszunahme des Primärkreises in Abhängigkeit von dem gesamten sekundären Ohmschen Widerstand

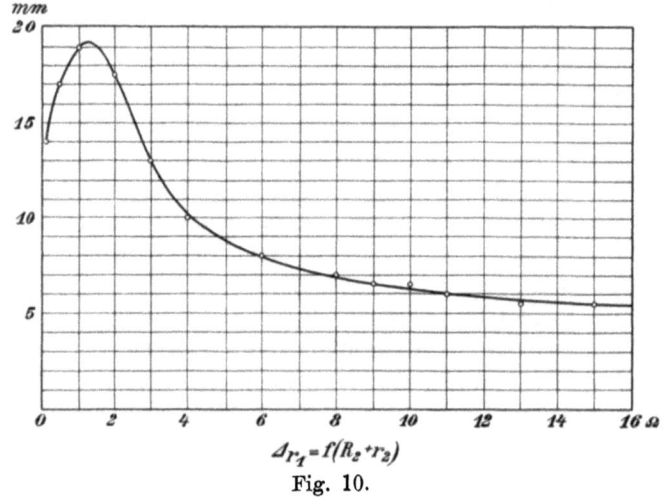

$\Delta r_1 = f(R_2 + r_2)$

Fig. 10.

aufgetragen. Als Ordinaten wurden der Einfachheit halber jeweils die Längen des entsprechenden Konstantandrähtchens aufgetragen.

Da die Stromstärke $J_d$, die den Differentialzweigen zufließt, konstant gehalten wurde, so ist $\varDelta r_1$ direkt ein Maß für die an den Sekundärkreis abgegebene Energie. Wir sehen, daß in der Kurve $\varDelta r_{1\,max}$ in sehr guter Annäherung dem induktiven Widerstand $\omega L_2 = 1{,}209\,\varOmega$ entspricht, so daß auch das Gesetz der maximalen Energieabgabe eines Luftkondensators $[(R_2 + r_2) = \omega L_2]$ experimentell bewiesen ist. Der rechte, allmählich asymptotisch verlaufende Kurvenast lehrt, daß die Energiezuführung aus dem Primärkreis von einem durch die Konstanten des Transformators und die Frequenz des Wechselstromes bestimmten Widerstand $(R_2 + r_2)$ an konstant bleibt und erst gegen $R_{2\,\infty}$ hin einem Nullwerte zustrebt.

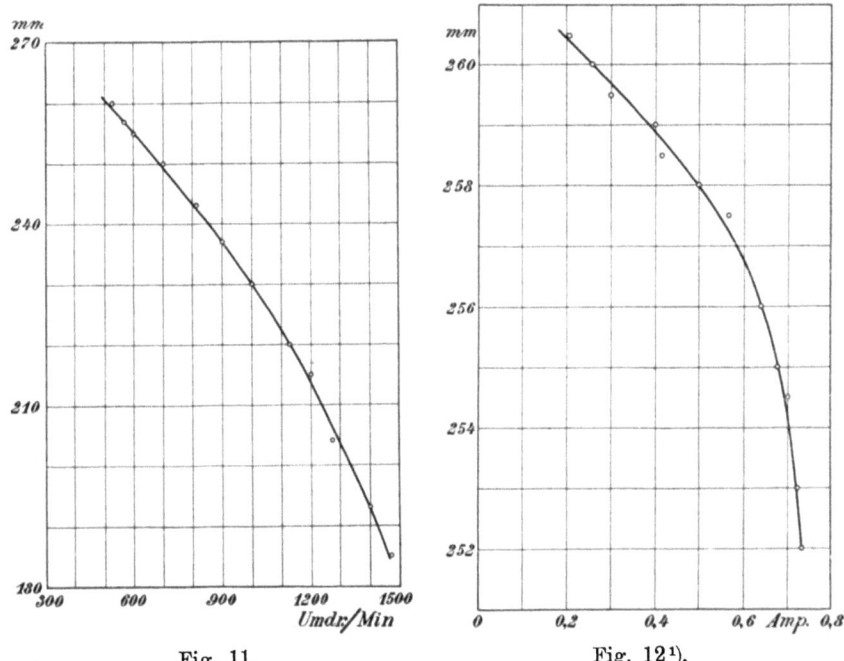

Fig. 11.      Fig. 12 [1]).

Es war noch von Interesse, kleine Eisenverluste im Bereich dieser Frequenzen zu studieren. Zu diesem Zwecke wurde in den einen Differentialzweig eine Drosselspule mit Eisenkern von der Gesellschaft für drahtlose Telegraphie eingeschaltet. Da die Vergleichsselbstinduktionen der Größe nach nicht ausreichen, so wurde

---

[1]) Das Fallen der Kurven der Fig. 11 und 12 bedeutet eine Verlusterhöhung, da der Widerstandsdraht der Drosselspule vorgeschaltet ist.

nur ein Teil der Windungen der Drosselspule auf Eisen untersucht. Der Gleichstromwiderstand dieser Windungen war 0,035 Ohm. Als Normalen waren in den Vergleichszweig des Differentialsystems zwei Variometer in Serie geschaltet, der Gleichstromwiderstand derselben war 0,739 Ohm. Es konnte deshalb nur eine Abgleichung so gemacht werden, daß der Drosselspule ein Widerstand aus Konstantandraht vorgeschaltet wurde. Wirkt nun das Ferromagnetikum bei Zunahme der Frequenz stärker dämpfend, so muß dieser vorgeschaltete Konstantanwiderstand immer kleiner gewählt werden. Im Bereich der vorkommenden Periodenzahlen kann man den Verlust durch die Stromverdrängung vernachlässigen. In Tabelle 5 sind die scheinbaren Widerstandserhöhungen durch das Vorhandensein eines Ferromagnetikums in Abhängigkeit von der Frequenz für konstanten Strom $J_{d\,eff} = 0,5$ Amp. angegeben. In derselben Tabelle sind ebenfalls die scheinbaren Selbstinduktionskoeffizienten der Drosselspule für die verschiedenen Periodenzahlen angeführt. Der Einfachheit halber sind wieder in Fig. 11 die Längen des Konstantandrahts als Ordinaten und die Tourenzahl des verwendeten Hochfrequenzgenerators auf der Abszissenachse aufgetragen. In der Tabelle 6 und Fig. 12 finden wir die Zusammenstellung der scheinbaren Widerstandserhöhung der Drosselspule in Abhängigkeit des Stromes $\frac{J_d}{2}$ für konstante Frequenz. Wir ersehen aus der Tabelle, daß die scheinbare Selbstinduktion verhältnismäßig rasch mit wachsender Stromstärke zunimmt.

## Tabelle 5.

| Konstantandraht | | Tourenzahl $n$ Umdr./Min. | Periodenzahl $c$ | Scheinbare Selbstinduktion d. Drosselspule in Henry | Konstante Größen |
|---|---|---|---|---|---|
| Länge in mm | $\Omega$ | | | | |
| 185 | 0,726 | 1475 | 1845 | $65,5 \times 10^{-5}$ | $J_{d\,eff} = 0,5$ Amp. |
| 193 | 0,759 | 1400 | 1750 | $65,52 \times 10^{-5}$ | |
| 204 | 0,802 | 1275 | 1594 | $65,55 \times 10^{-5}$ | 1 mm Konstantandraht |
| 215 | 0,845 | 1200 | 1500 | $65,57 \times 10^{-5}$ | $= 0,00393 \, \Omega$ |
| 220 | 0,865 | 1125 | 1405 | $65,6 \times 10^{-5}$ | |
| 230 | 0,905 | 1000 | 1250 | $65,66 \times 10^{-5}$ | |
| 237 | 0,933 | 900 | 1125 | $65,7 \times 10^{-5}$ | |
| 243 | 0,955 | 810 | 1012 | $65,75 \times 10^{-5}$ | |
| 250 | 0,984 | 700 | 875 | $65,81 \times 10^{-5}$ | |
| 255 | 1,0 | 600 | 750 | $65,87 \times 10^{-5}$ | |
| 257 | 1,01 | 570 | 713 | $65,9 \times 10^{-5}$ | |
| 260 | 1,021 | 525 | 656 | $65,94 \times 10^{-5}$ | |

## Tabelle 6.

| Konstantandraht | | Stromstärke in jedem Differentialzweig bei abgeglichener Anordnung in Amp. | Scheinbare Selbstinduktion der Drosselspule in Henry | Konstante Größen |
|---|---|---|---|---|
| Länge in mm | $\Omega$ | | | |
| 252 | 0,99 | $737,5 \times 10^{-3}$ | $67,9 \times 10^{-5}$ | $n = 470$ Umdr./Min. |
| 253 | 0,995 | $725 \times 10^{-3}$ | $67,85 \times 10^{-5}$ | $c = 588$ Perioden |
| 254,5 | 1,0 | $700 \times 10^{-3}$ | $67,79 \times 10^{-5}$ | |
| 255 | 1,001 | $675 \times 10^{-3}$ | $67,7 \times 10^{-5}$ | 1 mm Konstantandraht $= 0,00393\ \Omega$ |
| 256 | 1,006 | $640 \times 10^{-3}$ | $67,63 \times 10^{-5}$ | |
| 257,5 | 1,011 | $565 \times 10^{-3}$ | $67,4 \times 10^{-5}$ | |
| 258 | 1,013 | $500 \times 10^{-3}$ | $67,15 \times 10^{-5}$ | |
| 258,5 | 1,015 | $415 \times 10^{-3}$ | $66,83 \times 10^{-5}$ | |
| 259 | 1,018 | $400 \times 10^{-3}$ | $66,77 \times 10^{-5}$ | |
| 259,5 | 1,019 | $300 \times 10^{-3}$ | $66,32 \times 10^{-5}$ | |
| 260 | 1,021 | $260 \times 10^{-3}$ | $66,05 \times 10^{-5}$ | |
| 260,5 | 1,022 | $205 \times 10^{-3}$ | $65,8 \times 10^{-5}$ | |

Nachdem wir, an Hand dieser Beispiele, die Brauchbarkeit der Differentialmethode bis zu einer Frequenz von 2000 kennen gelernt haben, wollen wir zu den Messungen im Bereich der drahtlosen Telegraphie übergehen.

Im allgemeinen hat der Stoßkreis und das Differentialsystem nicht dieselbe Frequenz, eine maximale Energieübertragung wird deshalb in der Regel nicht stattfinden, wenn nicht besondere Vorkehrungen getroffen werden. Es wurde aus einer großen Anzahl von Versuchen gefunden, daß die Messungen am besten auszuführen sind, wenn die Wellenlänge beider Kreise gleichgroß ist. Da aber jede Verstellung der Vergleichsnormalen zugleich auch eine Frequenzänderung des Differentialkreises bedeutet, so ist ersichtlich, daß die Resonanz beider Kreise für den Abgleichpunkt zu treffen ist. Da aber zu Beginn einer Messung nur der ungefähre Wert des Versuchsobjekts bekannt ist, so ist es ratsam, zunächst eine Einstellung auf eine geschätzte Wellenübereinstimmung der beiden Kreise zu machen. Am besten verwendet man dazu die aperiodische Detektoranordnung, da es sich nur zunächst um eine Phaseneinstellung des Systems handelt und so in der Regel nicht die empfindlichste Nullstromanordnung erforderlich ist. Hat man nun eine solche Abgleichung ausgeführt, so bringt man den Stoßkreis mit dem Differentialsystem in möglichst scharfe Resonanz und verändert die Kopplung solange, bis das Amperemeter den größten Strom $J_{d\,eff}$ anzeigt und die Funkenstrecken einen schönen klaren Ton von sich geben. Will man nun an dem Versuchsobjekt Messungen für verschiedene Frequenzen ausführen, so schaltet man am besten in den Stoß- und Differentialkreis gleichgroße Selbstinduktionen und entsprechend gleiche Kapazitäten stufenweise ein, so daß die Wellenlänge beider Kreise gleichmäßig verändert wird und die Phasenverschiebung zwischen Spannung und Strom beider Kreise möglichst gleich bleibt. Den Strom $J_d$ kann man dann durch Regulierung der Maschinenerregung leicht auf den konstanten Wert bringen.

Zunächst wurde ein variabler Luftkondensator für einen konstanten Strom $J_{d\,eff} = 0{,}15$ Amp. in der Differentialanordnung geeicht. Als Nullstromindikatoren kamen die im theoretischen Teile beschriebenen Schaltungen in Betracht. Die ersten Versuche wurden mit der gewöhnlichen aperiodischen Detektorschaltung ausgeführt. An den Klemmen des Blockkondensators B. C. wurde ein Hörtelephon angelegt. Die zweite Anordnung bildete die Baretterschaltung, die durch geeignete Wahl des Grundstroms auf die höchste Empfindlichkeit gebracht wurde. Das dritte Meßverfahren beruhte auf der Thermobrücke. An Hand der aufgenommenen Werte wurde die Tabelle 7 aufgestellt und die Eich- sowie Empfindlichkeitskurven der Fig. 13 erhalten. Letztere stellen ein Maß für die relative Meßgenauigkeit dar und wurden nach folgender Überlegung gewonnen. Es entspreche der abgeglichenen Kondensatorstellung die Kapazität $C_x$. Eine kleine Veränderung um $\Delta C_x$ ergebe auf der Skala des Spiegelgalvanometers den Ausschlag $\Delta \alpha$ in mm. Mittelst des Lichtstrahlrandes konnte auf $^1/_4$ mm genau abgelesen werden. Die prozentuale Einstellbarkeit wird also

$$\frac{\Delta C_x \cdot 100}{C_x \cdot \Delta \alpha \cdot 4} \, ^0/_0.$$

Bei den verwendeten Luftkondensatoren nimmt die Kapazität bei Verdrehung der Belegungen entweder linear zu oder ab, d. h. man darf an Stelle der Kapazität in obiger Formel die Bogengrade der Skala des Kondensators einsetzen. Es wurde deshalb die möglichst kleinste Änderung $\Delta C_x$ gewählt, weil die Baretterschaltung quadratisch und die Thermobrücke linear mit dem Nullstrom des Differentialtransformators anspricht, was natürlich bei großen Nullströmen irrtümlichen Vergleich der Empfindlichkeiten der verschiedenen Anordnungen ergeben würde. Die Kurve II der Fig. 13 stellt die prozentuale Einstellbarkeit der Thermobrücke und III diejenige der Baretterschaltung dar. Der graphische Verlauf der aperiodischen Detektoranordnung ist nicht eingezeichnet, da, wie die Tabelle 7 zeigt, der Ordinatenmaßstab bedeutend verändert werden müßte und dadurch die Übersicht, der zu vergleichenden Einstellkurven, beeinflußt wäre. Fig. 13 zeigt, daß die Thermobrücke un-

Messungen.

## Tabelle 7.

| $C_x$ | | Thermobrücke | | | Barettschaltung | | | Aperiodische Detektoranordnung | | Konstante Größen |
|---|---|---|---|---|---|---|---|---|---|---|
| Kondensator-stellung in Graden | Kapazität in M. F. | $\Delta C_x$ in Graden | $\Delta \alpha$ in mm | $\frac{\Delta C_x \cdot 100}{C_x \cdot \Delta \alpha \cdot 4}$ in % | $\Delta C_x$ in Graden | $\Delta \alpha$ in mm | $\frac{\Delta C_x \cdot 100}{C_x \cdot \Delta \alpha \cdot 4}$ in % | $\Delta C_x$ in Graden | $\frac{\Delta C_x \cdot 100}{C_x \cdot \Delta \alpha \cdot 4}$ in % | |
| 10 | $36{,}0 \times 10^{-5}$ | 0,1 | 18,5 | 0,0135 | 0,2 | 20,0 | 0,025 | 1,0 | 10,0 | $\lambda = 800$ m |
| 20 | $48{,}25 \times 10^{-5}$ | 0,1 | 9,75 | 0,0128 | 0,2 | 11,0 | 0,0227 | 1,5 | 7,5 | $J_a = 0{,}15$ Amp. |
| 30 | $61{,}75 \times 10^{-5}$ | 0,2 | 14,5 | 0,0115 | 0,2 | 8,0 | 0,0208 | 2,0 | 6,66 | |
| 40 | $73{,}1 \times 10^{-5}$ | 0,2 | 11,5 | 0,0108 | 0,2 | 6,25 | 0,02 | 2,5 | 6,25 | |
| 50 | $86{,}35 \times 10^{-5}$ | 0,2 | 10,0 | 0,01 | 0,3 | 8,25 | 0,0182 | 2,8 | 5,6 | |
| 60 | $99{,}0 \times 10^{-5}$ | 0,2 | 9,5 | 0,0088 | 0,3 | 7,25 | 0,01725 | 3,2 | 5,34 | |
| 70 | $111{,}2 \times 10^{-5}$ | 0,2 | 8,5 | 0,0084 | 0,4 | 8,75 | 0,01635 | 3,5 | 5,0 | |
| 80 | $124{,}3 \times 10^{-5}$ | 0,2 | 7,5 | 0,00833 | 0,4 | 7,75 | 0,01615 | 3,6 | 4,5 | |
| 90 | $138{,}7 \times 10^{-5}$ | 0,3 | 11,0 | 0,0076 | 0,4 | 7,5 | 0,0148 | 3,8 | 4,23 | |
| 100 | $148{,}5 \times 10^{-5}$ | 0,3 | 10,5 | 0,00715 | 0,4 | 7,0 | 0,0143 | 4,0 | 4,0 | |
| 110 | $162{,}5 \times 10^{-5}$ | 0,3 | 9,5 | 0,00716 | 0,5 | 8,25 | 0,0138 | 4,3 | 3,91 | |
| 120 | $175{,}0 \times 10^{-5}$ | 0,3 | 8,75 | 0,00715 | 0,5 | 7,75 | 0,0134 | 4,4 | 3,67 | |
| 130 | $189{,}3 \times 10^{-5}$ | 0,3 | 9,0 | 0,006425 | 0,5 | 7,5 | 0,0128 | 4,8 | 3,69 | |
| 140 | $200{,}0 \times 10^{-5}$ | 0,3 | 8,5 | 0,0063 | 0,6 | 9,0 | 0,0119 | 5,1 | 3,45 | |
| 150 | $212{,}6 \times 10^{-5}$ | 0,3 | 8,25 | 0,00606 | 0,6 | 8,75 | 0,0114 | 5,5 | 3,67 | |
| 160 | $227{,}7 \times 10^{-5}$ | 0,3 | 7,75 | 0,00605 | 0,6 | 8,75 | 0,0107 | 5,9 | 3,69 | |
| 170 | $240{,}0 \times 10^{-5}$ | 0,4 | 9,75 | 0,00604 | 0,7 | 10,0 | 0,0103 | 6,2 | 3,65 | |
| 180 | $252{,}0 \times 10^{-5}$ | | | | | | | | | |

48 Messungen.

gefähr die doppelte Empfindlichkeit gegenüber der Baretterschaltung aufweist, ganz abgesehen davon ist die Einstellung mittelst des ersteren Nullstromanzeigers bedeutend schärfer zu treffen, da die beiden Thermoelemente passende Trägheit haben und so kleine Stromschwankungen den Lichtstrahl kaum beeinflussen. Allerdings tritt bei zu großem Hauptstrom I der Thermobrücke ebenfalls eine Vibration des Lichtstrahls auf, doch ist diese Erscheinung auf eine Überlastung der Thermoelemente zurückzuführen, da in der Regel nach solchen anomalen Vibrationen die Elemente gänzlich beschädigt waren oder zum geringsten ihre Empfindlichkeit wesentlich nachgelassen hatte.

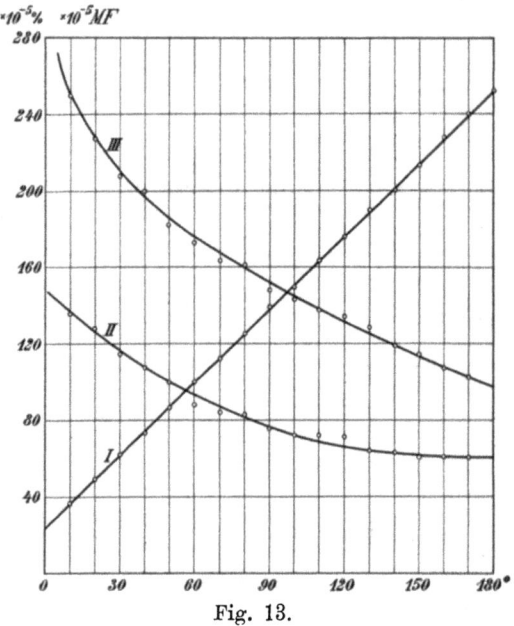

Fig. 13.

Vergleichen wir nun im Differentialsystem einen unvollkommenen Kondensator, so treten nach Abschn. 2 im Dielektrikum Verluste auf, deren Größe im allgemeinen von der Beschaffenheit des Isolators, der Temperatur, der Frequenz und der angelegten Spannung bedingt ist. Der Dämpfungsbeitrag $\delta_C$ einer solchen Verlustkapazität wird, wenn $r$ der in Serie mit der Kapazität $C$ gerechnete Verlustwiderstand, durch die Formel berechnet:

$$\delta_C = 599,99\ldots \cdot \frac{C^{M.F.} \cdot r^{\Omega}}{\lambda^m}.$$

In den Tabellen 8 und 9 sind die logarithmischen Dekremente

für verschiedene Wellenlängen aus Versuchswerten ausgerechnet. Als Versuchsobjekte dienten zwei Leydener Flaschen mit derselben Glasdicke, die Kapazität der einen war 0,00192 M. F. und die der andern 0,00204 M. F. Bei beiden Versuchsreihen wurde der Kondensatorstrom $\frac{J_{deff}}{2} = 0{,}0045$ konstant gehalten. Wir sehen aus den Tabellen, daß $\mathfrak{d}_C$ weder von der Wellenlänge noch von der Kapazität, für gleich große spezifische Beanspruchung des Isolationsmaterials, abhängt. Fig. 14 lehrt, daß der Verlustwiderstand $r$ linear

Tabelle 8 (siehe Fig. 13$_I$).

| Wellen- länge $\lambda$ in m | Widerstand $r$ | | $\mathfrak{d}_C = \dfrac{599{,}99 \ldots \cdot CM.F. \cdot r \Omega}{\lambda m}$ | Konstante Größen |
|---|---|---|---|---|
| | Länge des Konstantandrahts in mm | $\Omega$ | | |
| 320 | 65,0 | 0,255 | 0,000918 | $J_{deff} = 0{,}009$ Amp. |
| 347 | 71,0 | 0,279 | 0,000925 | $C = 0{,}00192$ M.F. |
| 365 | 73,5 | 0,289 | 0,000911 | 1 mm Konstantan- |
| 390 | 79,0 | 0,31 | 0,000914 | draht $= 0{,}00392 \Omega$ |
| 411 | 83,0 | 0,326 | 0,000912 | |
| 435 | 88,5 | 0,348 | 0,00092 | |
| 450 | 92,0 | 0,361 | 0,0009225 | |
| 465 | 94,5 | 0,371 | 0,0009175 | |
| 471 | 97,0 | 0,381 | 0,00093 | |
| 493 | 101,0 | 0,397 | 0,000927 | |
| 507 | 102,0 | 0,401 | 0,00091 | |
| 535 | 108,0 | 0,425 | 0,000915 | |
| 551 | 111,5 | 0,438 | 0,000914 | |
| 575 | 117,0 | 0,46 | 0,000921 | |
| 590 | 120,0 | 0,471 | 0,000919 | |
| 600 | 122,0 | 0,48 | 0,00092 | |
| 612 | 125,0 | 0,491 | 0,000924 | |
| 625 | 126,5 | 0,497 | 0,000915 | |
| 640 | 131,0 | 0,515 | 0,000926 | |

mit wachsender Frequenz abnimmt. Messungen für verschiedene spezifische Belastungen der Dielektrika wurden nicht ausgeführt, da schon bei zirka 450 Volt Spannung Funken zwischen den beiden Luftkondensatorbelegungen übergingen. Versuche, die unter 450 Volt ausgeführt wurden, zeigten, daß bei den verwendeten Leydener Flaschen im Bereich der Stromstärken $\frac{J_{deff}}{2} = 0{,}0045$ bis 0,5 Ampère der Verlustwiderstand $r$ sich unmerklich ändert. Im übrigen sei auf die

50  Messungen.

Tabelle 9 (Fig. $13_{II}$).

| Wellen- länge $\lambda$ in m | Widerstand $r$ | | $\mathfrak{d}c = \dfrac{599{,}99\ldots \cdot CM.F.\,r\,\Omega}{\lambda m}$ | Konstante Größen |
|---|---|---|---|---|
| | Länge des Konstantan- drahts in mm | $\Omega$ | | |
| 320 | 60,5  | 0,238  | 0,00091    | $J_{d\,eff} = 0{,}009$ Amp. |
| 342 | 66,0  | 0,259  | 0,000925   | $C = 0{,}00204$ M.F. |
| 362 | 70,0  | 0,275  | 0,000929   | 1 mm Konstantan- |
| 395 | 75,0  | 0,295  | 0,0009125  | draht $= 0{,}00393\,\Omega$ |
| 410 | 78,5  | 0,309  | 0,0009225  | |
| 430 | 83,0  | 0,326  | 0,0009275  | |
| 445 | 86,0  | 0,338  | 0,000929   | |
| 460 | 88,5  | 0,348  | 0,000925   | |
| 470 | 91,0  | 0,358  | 0,000931   | |
| 495 | 95,0  | 0,374  | 0,000924   | |
| 500 | 96,0  | 0,3775 | 0,000923   | |
| 530 | 102,0 | 0,401  | 0,000925   | |
| 555 | 107,0 | 0,421  | 0,0009275  | |
| 575 | 111,0 | 0,436  | 0,0009275  | |
| 595 | 114,5 | 0,45   | 0,000925   | |
| 605 | 117,0 | 0,46   | 0,00093    | |
| 615 | 118,5 | 0,466  | 0,00097    | |
| 630 | 122,0 | 0,48   | 0,000932   | |
| 641 | 123,0 | 0,484  | 0,0009235  | |

Arbeit von Hahnemann und Adelmann[1]), die diesen Fall experimentell untersucht haben, hingewiesen. Einige orientierende Messungen, die für verschieden gedämpfte Wellenzüge, für kon-

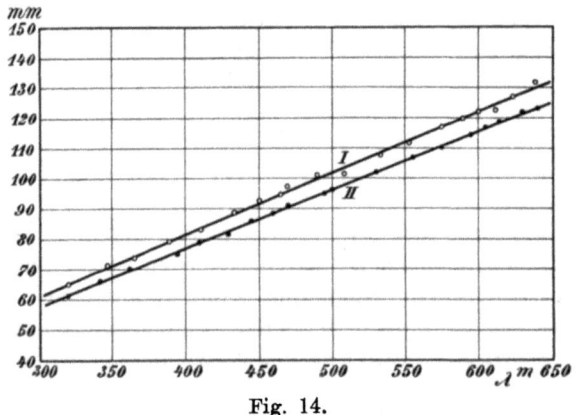

Fig. 14.

---

[1]) Hahnemann und Adelmann, ETZ 1907, S. 990.

stantes $J_d$, ausgeführt wurden, zeigten, daß im Bereich der verwendeten spezifischen Belastung der Verlustwiderstand kaum beeinflußt wird. Es ist doch höchst wahrscheinlich, daß bei rascher abklingenden Wellen $r$ größer wird, doch konnte trotz der hohen Empfindlichkeit der Meßanordnung der Einfluß der Kurvenform nicht einwandfrei aufgestellt werden, aus welchem Grunde es auch unterlassen wurde, die Versuchsresultate anzugeben. Der Verfasser hofft aber, in nächster Zeit mittels der Thermosäulen die Abhängigkeit des dielektrischen Verlustes von der Kurvenform veröffentlichen zu können. (Es sei noch bemerkt, daß der verwendete Differentialtransformator mit nur 6 Windungen für die Messung des dielektrischen Verlusts so ungünstig als möglich war).

Gehen wir zur Messung des effektiven Widerstands von Spulen über, so kann man durch Verwendung größerer Stromstärken die Differentialanordnung auf eine außerordentlich hohe Empfindlichkeit bringen. Es ist so möglich, selbst in der aperiodischen Detektorschaltung, Spulen mit nur wenigen Windungen einwandfrei zu untersuchen. Ein weiterer Vorteil ist noch der, daß man selbst große Selbstinduktionen bei kleinen Wellenlängen untersuchen kann, wenn man im Differentialsystem die Kapazität wegläßt, so daß nur die vom Funkenstreckenkreis eingeprägte Frequenz im Differentialsystem zur Geltung kommt. Im Generatorkreis selbst kann man immer die Wahl der Selbstinduktion bzw. Kapazität so treffen, daß möglichst viel Energie ausschwingt. Als Vergleichsobjekt diente eine von Prof. Hausrath angegebene Kupferbandlitze und ein aus 8 Teilen geflochtenes Litzenband der Telefunkengesellschaft. Jedes dieser 8 Teile hatte 48 ideal verdrillte, durch Emaillelack isolierte Kupferfäden mit kreisrundem Querschnitt. Die Kupferbandlitze wurde vom Verfasser so hergestellt, daß die endgültige Form des Bandes mit derjenigen der Telefunkengesellschaft übereinstimmte. Der prinzipielle Unterschied liegt darin, daß Hausrath an Stelle der dünnen Kupferfäden, Bänder $(0,1 \times 1$ mm$)$ aus Kupfer verschlägt, von denen zirka 15 bis 20 in 0,1 mm Abstand parallel zusammenzuflechten sind. Der so erhaltene Streifen wird um ein dünnes Papier schraubenförmig aufgewickelt und die Enden je für sich zusammengelötet. Es war nun eine dankbare Aufgabe, dieses Band mit der Telefunkenlitze bei verschiedenen Periodenzahlen zu vergleichen. Es wurde absichtlich eine möglichst kleine Selbstinduktion ($L = 1,6875 \cdot 10^{-8}$ Henry) aus diesen Litzen hergestellt, um die Empfindlichkeit des Differentialsystems zu prüfen. Zu diesem Zwecke wurden die beiden Versuchslitzen je auf einen Holzkern von 22,5 cm Durchmesser spiralenförmig aufgewickelt. Die Enden der Spulen wurden beiderseits zirka 25 mm lang gelassen, so daß in der Differentialanordnung durch Bilden einer kleinen Schleife, das Versuchs- und Vergleichsobjekt genau aufeinander abgeglichen werden konnten. Gleichzeitig wurde noch ein Massivkupferband hergestellt, das denselben Kupferquerschnitt wie die 14 Bänder zusammen hatte, da es von Interesse war, experimentell zu untersuchen, in welcher Weise die Unterteilung und das schraubenförmige Aufwinden des Bandes, den effektiven Widerstand beeinflußt. Die gestreckte Länge der Bänder war 5 m 34 cm. Die Resultate wurden in allen Nullstromschaltungen aufgenommen und stimmten vollkommen überein, so daß es hier genügt, nur die Versuchsreihen der Thermobrücke anzuführen. (Tabelle 10, Fig. 15.)

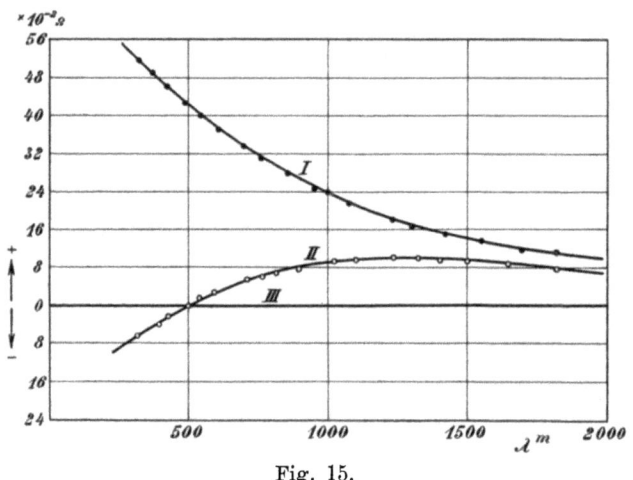

Fig. 15.

Es wurde zuerst das Massivkupferband und dann die Kupferbandlitze mit derjenigen der Telefunkengesellschaft verglichen. Hat man nun der Telefunkenlitze Widerstand vorzuschalten (positive Ohm in Fig. 15 und Tabelle 10), so ist das gleichbedeutend mit einem kleineren effektiven Widerstand derselben, mußte dagegen dem Versuchsobjekt das Konstantandrähtchen eingereiht werden (negative Ohm in Fig. 15 und Tabelle 10), so ist dies ein Beweis dafür, daß der effektive Widerstand der Telefunkenlitze größer ist. Da es sich bei vorliegenden Messungen nur um einen Vergleich handelt, so darf man der besseren Übersicht wegen für jede Frequenz den effektiven Widerstand der Telefunkenlitze gleich Null setzen (Fig. 15, Kurve *III*). Um ein Bild des Verlaufes der Widerstandsdifferenz zwischen Vergleichs- und Versuchsobjekt für verschiedene Frequenzen zu erhalten, braucht man dann nur den vorgeschalteten Widerstand dem Vorzeichen nach, von der Nullinie aus

Tabelle 10. (Fig. 14.)

| I. Massives Kupferband | | | II. Kupferbandlitze | | | Konstante Größen |
|---|---|---|---|---|---|---|
| Wellenlänge λ in m | Widerstand der Telefunkenlitze vorgeschaltet | | Wellenlänge λ in m | Widerstand der Telefunkenlitze vorgeschaltet | | |
| | Länge des Konstantandrahts in mm | Ω | | Länge des Konstantandrahts in mm | Ω | |
| 325 | +132 | +0,519 | 320 | −17,5 | −0,0687 | $J_{d\,eff} = 1$ Amp. |
| 380 | +125 | +0,491 | 400 | −10,5 | −0,0413 | Gleichstromwider- |
| 435 | +118 | +0,464 | 435 | −6 | −0,0236 | stand der Tele- |
| 500 | +108 | +0,424 | 500 | 0 | 0 | funkenlitze: |
| 550 | +102 | +0,405 | 550 | +4 | +0,0157 | $r_{T_e} = 0,0309\,\Omega$ |
| 620 | +94,5 | +0,371 | 600 | +7 | +0,0275 | $r_{massiv} = 0,06618\,\Omega$ |
| 700 | +85,5 | +0,336 | 720 | +13 | +0,05115 | $r_{Hausrath} = 0,08825\,\Omega$ |
| 760 | +79 | +0,31 | 775 | +15,5 | +0,0609 | |
| 858 | +71 | +0,279 | 820 | +18 | +0,0706 | 1 mm Konstantan- |
| 950 | +62,5 | +0,346 | 900 | +20,5 | +0,0805 | draht = 0,00393 Ω |
| 1000 | +61 | +0,2395 | 1020 | +23,5 | +0,0925 | |
| 1075 | +55 | +0,216 | 1100 | +24,5 | +0,0965 | |
| 1232 | +47 | +0,1845 | 1232 | +26 | +0,1022 | |
| 1300 | +43,5 | +0,171 | 1320 | +25 | +0,0982 | |
| 1425 | +39 | +0,153 | 1400 | +24,5 | +0,0965 | |
| 1550 | +35 | +0,1375 | 1500 | +23,5 | +0,0925 | |
| 1700 | +30,5 | +0,12 | 1650 | +22 | +0,0865 | |
| 1825 | +28 | +0,11 | 1825 | +18,5 | +0,0726 | |

auf der Ordinatenachse abzutragen. Auf diese Weise wurden die Kurven *I* (Massivkupferband) und *II* (Kupferbandlitze) der Fig. 15 erhalten. Wir lernen, daß das Massivkupferband für kleine Wellenlängen ziemliche Widerstandsdifferenz aufweist, die Kupferbandlitze und die Telefunkenlitze haben bei 500 m Wellenlänge denselben effektiven Widerstand, bei noch kleinerer Wellenlänge wird ersteres noch besser, trotzdem der Gleichstromwiderstand fast dreimal so groß ist wie bei der Telefunkenlitze. Da die Anzahl der parallel verwebten Bänder willkürlich zu 14 gewählt wurde, so ist ersichtlich, daß jedenfalls noch lange nicht die günstigsten Verhältnisse getroffen sind und daß die Kupferbandlitze der bis jetzt verwendeten geflochtenen Litze überlegen ist. Schon das hergestellte Band scheint für die Schiffsstationen geeigneter, da dorten in der Regel nur Wellenlängen von 300 bis 600 m vorkommen.

Die Ergebnisse der Methode und der vorliegenden Untersuchungen sind:

1. Die Differentialmethode ermöglicht, sehr kleine Verluste von Einzelapparaten im Hochfrequenzsystem für jede Schwingungsform festzustellen.

2. Durch Anwendung größerer Stromstärken kann die Empfindlichkeit bedeutend erhöht werden.

3. Durch eine entsprechende Wahl der Versuchsanordnung des Indikatorsystems erhält man eine Meßmethode, bei der das Nullstrominstrument dem Nullstrom proportionale Anschläge erzeugt und nur auf die Widerstandsabgleichung oder nur auf die Selbstinduktions- bzw. Kapazitätseinstellung reagiert.

4. Den Brückenschaltungen gegenüber besitzt die Differentialmethode folgende Vorteile:

   a) Die Messung der Widerstandsdifferenz zweier Spulen oder geraden Leiter kann durch etwaige induktive bzw. kapazitive Wirkungen der vorgeschalteten Widerstände nicht beeinflußt werden.

   b) Bei der Differentialschaltung sind nur zwei Zweige vorhanden, die aufeinander induzieren können. Die Wirkung gegenseitiger Induktion fällt bei erfüllter Abgleichung heraus.

   c) Für die Abgleichung sind nur zwei Bedingungen zu erfüllen.

5. Die Messungen lehren, daß das logarithmische Dekrement eines Kondensators für gleiche spezifische Beanspruchung des Dielektrikums für alle Periodenzahlen der schnellen Schwingungen eine Konstante ist.

6. Im Bereich kleiner Kondensatorstromstärken bis ca. 0,5 Amp. scheint der gedachte Verlustwiderstand für ein und dieselbe Frequenz ebenfalls konstant zu sein, so daß bei Empfangskreisen der Stationen der drahtlosen Telegraphie, wo in der Regel nur wenig Energie ausschwingt, das Dekrement eines bestimmten Verlustkondensators für alle auftretenden Schwingungen als konstant angesehen werden darf.

7. Widerstandsmessungen an Selbstinduktionsspulen aus Draht- und Bandlitzen ergaben, daß die letzteren für kleine Wellenlängen günstiger sind.

---

Zum Schlusse ist es mir eine angenehme Pflicht, Herrn Geh. Hofrat Prof. Dr. A. Schleiermacher meinen verbindlichsten Dank auszusprechen für das rege Interesse, das er meiner Arbeit entgegenbrachte, das sich besonders in der Überlassung des Laboratoriums und der Beschaffung der erforderlichen Apparate äußerte. Zu danken habe ich ferner Herrn Prof. Dr. H. Hausrath für die freundliche Anregung zu dieser Arbeit, für den ständigen Nachweis der Literatur und die mannigfaltigen Ratschläge, die er mir auch während meiner praktischen Tätigkeit in den Vereinigten Staaten zuteil werden ließ. Während meines Aufenthaltes in Schenectady, N. Y., hat mir zur Fortsetzung meiner Versuche Herr Prof. Dr. C. P. Steinmetz sein Privatlaboratorium bereitwilligst zur Verfügung gestellt. Auch ihm spreche ich nochmals an dieser Stelle meinen verbindlichsten Dank aus.

MIX
Papier aus verantwortungsvollen Quellen
Paper from responsible sources
FSC® C105338

If you have any concerns about our products,
you can contact us on
**ProductSafety@springernature.com**

In case Publisher is established outside the EU,
the EU authorized representative is:
**Springer Nature Customer Service Center GmbH
Europaplatz 3, 69115 Heidelberg, Germany**

Printed by Libri Plureos GmbH
in Hamburg, Germany